我不是坏孩子，我只是压力大

帮助孩子学会调节压力、管理情绪

［加］ 斯图尔特·尚卡尔（Stuart Shanker）
　　　 特雷莎·巴克尔（Teresa Barker）　著

黄镇华 译

SELF-REG

机械工业出版社
CHINA MACHINE PRESS

图书在版编目（CIP）数据

我不是坏孩子，我只是压力大：帮助孩子学会调节压力、管理情绪 /（加）斯图尔特·尚卡尔（Stuart Shanker），（加）特雷莎·巴克尔（Teresa Barker）著；黄镇华译．—北京：机械工业出版社，2019.1（2024.5）

书名原文：Self-Reg: How to Help Your Child (and You) Break the Stress Cycle and Successfully Engage with Life

ISBN 978-7-111-61517-0

I. 我… II.① 斯… ② 特… ③ 黄… III. 心理压力 - 调节（心理学）- 儿童读物 IV. B842.6-49

中国版本图书馆 CIP 数据核字（2018）第 269027 号

北京市版权局著作权合同登记　图字：01-2016-7629 号。

我不是坏孩子，我只是压力大：
帮助孩子学会调节压力、管理情绪

出版发行：机械工业出版社（北京市西城区百万庄大街 22 号　邮政编码：100037）

责任编辑：邹慧颖　姜帆　　　　　　　　责任校对：李秋荣

印　　刷：固安县铭成印刷有限公司　　　版　　次：2024 年 5 月第 1 版第 4 次印刷

开　　本：165mm×205mm　1/20　　　　印　　张：12 $\frac{4}{10}$

书　　号：ISBN 978-7-111-61517-0　　　定　　价：59.00 元

客服电话：（010）88361066　68326294

目录

⊖⊜　注释和参考文献部分详见：course.cmpreading.com。

引言

我不记得我在加拿大、美国以及世界各地工作时到底见过多少孩子，远不止几千人，而是数以万计。在所有这些孩子中，我从来没有见过一个"坏孩子"。

孩子们可能会自私、不顾他人感受，甚至心怀恶意，不愿专注于一件事情，极易大声喊叫或者推搡，不听话，或是充满敌意。这样的例子不胜枚举。我知道这些，是因为我自己也是一位父亲。但我们能说这样的孩子是**坏孩子**吗？绝不能。

我们都有这样的时候，我们常会草率地给孩子贴上"坏孩子"的标签。我们使用"不服管教""难以忍受"或"问题孩子"这样的词，或者使用临床标签，如"注意力缺陷多动障碍/注意障碍"（ADHD/ADD）或"对立违抗性障碍"（oppositional defiant），但不管我们使用什么词，这些评判都有可能太过武断了。

有一天，我在街上碰到邻居和他四岁的儿子，还有他们的小狗。我俯身拍拍这只小狗，没想到它一下子咬住了我的手。邻居苦笑着说抱歉："阿方斯只是一只小狗。"但小男孩却停下来，责备这只狗并拍打它的鼻子。邻居暴怒了，对于他来说，狗可以顽皮，但是他四岁的儿子却不可以。我们有时候或许就像那位父亲，会迫于当下的压力而对孩子的言行做出过激反应，而如果我们更加冷静和清晰地思考一下，就不会这么做。

这些行为反映了儿童**在当下时刻**无法应对发生在身边的事情，包括声音、噪声、干扰因素、不舒服的感受或情感。作为父母，我们总是认为这是孩子的脾气秉性问题，更糟糕的是，孩子还会相信父母所说的话。

只要我们理解孩子，有足够的耐心，世界上每一个孩子都可以找到成功的道路，拥有丰富而有意义的人生。对这些"问题孩子"的偏见，可能会使我们戴着有色眼镜去看他们。我们身为父母的希望、梦想、沮丧以及恐惧，也会起到同样的作用。不要误解我的意思：对我们来说，有些孩子只是会比其他孩子更具有挑战性而已。通常情况下，我们对孩子的负面评价仅仅是一种防御机制，只是把我们自身的困惑怪罪于孩子的"天性"，而这只能使孩子更激动，防御性更强，更具有挑衅性，更焦躁，或者更少言寡语，但并不是必须如此，真的不必如此。

我曾经在一次有 2000 位幼儿园教师参加的会议上分享了我的想法，突然有位老师说："但是我见过一个坏孩子，他的父亲也是一个坏父亲，这应该归因于他的祖父。"大家都笑了。于是我很好奇："好的，规则总是有例外。我的确很想见见这个孩子。"于是，这位老师安排我去了学校，并见到了这个小男孩儿。当他慢慢地挪进教室的那一刻，我非常清楚地知道，这位老师所认为的孩子的**不良行为**（misbehavior），实际上是**压力行为**（stress behavior）。

　　这个孩子对声音非常敏感。在他坐下之前，曾经有两次受到教室外面的声音的惊吓。另外，他眯着眼睛，表明他对房间里面的荧光灯光线很敏感，或者在进行视觉信息处理时有障碍。他坐在椅子上不停地动来动去，我在想，他是觉得坐直很不舒服，还是感觉在硬塑料椅子上很难放松？真正的问题是生理上的问题。在这种情况下，提高嗓门或者板着脸只会让他感到更不舒服，更加分心。一段时间之后，这种习惯性的沟通方式，会使孩子叛逆或有挑衅性。

　　这种事情对于有问题的家庭尤其明显，就如同这个案例一样。孩子的父亲和爷爷也有同样的生理上的敏感现象吗？他们是否也曾经受到过来自成年人的惩罚或者训斥？而这可能很容易使一个孩子走上问题之路，最终似乎只确认了这句话："你看，我告诉过你，他是个坏孩子。"

　　现在我最关心的是在我面前的孩子，我要帮助这位疲惫的老师了解他的行为所蕴含的重要意义。我轻轻地关上了教室的门，关掉了顶灯（顶灯不仅有刺眼的光，还一直嗡嗡作响）并降低了说话的声音。看到这个孩子瞬间就放松下来了，老师的表情也柔和了好多，并轻声说："哦，我的天哪！"

　　以前我也见到过这种反应，每一位成年人在发现面前孩子的问题并非无法解决时都会有类似的反应。我们会轻易地认为这个孩子遗传了父辈的品格缺陷。但是，当老师看到孩子对声和光如此敏感时，这种观念瞬间就改变了：原来这并不是孩子自己愿意的。

　　转瞬间，老师就改变了对孩子的态度。之前，她总是严肃的；现在，她满眼都是笑意，说话的语气也从支离破碎变成了很有韵律感，她的举手投足也不再像之前那样断断续续，而是缓慢而有节奏。她注视着孩子，而不再是我。他们两个产生了情感联结，孩子的身体姿势、面部表情和说话语气都随着老师的改变而改变了。

这种转变的发生，不仅仅是因为老师从不同的角度看待孩子，或者发现孩子与之前的不同，而是老师和孩子之间的互动方式有了整体的改变。她将自己对听话的需要（甚至自我）放到一边，甚至可以这样理解，这是她第一次看到这个孩子，真正看到了他。现在她可以开始教育他了；而对这个孩子而言，他完全不知道自己对噪声和光线非常敏感，更不用说让他自我控制了。这是他的真实状态，也是他的"正常"状态。现在，她可以帮助他认识自己何时变得亢奋或分心，了解应该如何做才可以保持专注、清醒，并且投入学习中。

站在正确的位置看问题

正在读本书的父母在与孩子共同生活时可能都面临过以下情况，并且很可能不止一次！我们如此努力帮助孩子，为他们提供舒适的生活，还有成功所必需的生活技能。但是，我们经常发现无法与孩子沟通，这让我们沮丧或生气。我们知道他们做的事情对他们没有好处，想知道为什么我们不能让他们看到这一点。就像上文提到的那位老师，我们拥有良好的意愿，但这远远不够。**自我调节**（self regulation）开始于**重新定义**（reframe）孩子的行为，也包括我们自己的行为。这意味着要深刻理解孩子行为的意义，或许我们之前从未这样想过。

我读研究生的时候，我的导师彼得·哈克，一位业余伦勃朗学者，曾带我参观一个伦勃朗画展。我早早就到了画廊，花了20分钟仔细地观察一幅自画像，可尽管我绞尽脑汁，也看不出其中的寓意。彼得到来后，他问我在想什么，我说这幅画只是看着有些模糊。彼得笑了笑，他后退了几步，目不转睛地盯着地板看。然后他指着一块地板，让我站在那儿观赏这幅画。这时，我看到的画面美得惊人。这幅画突然就变得那样完美无缺。我瞬间所看到的和感受到的，让我不得不发自内心承认伦勃朗真是一位天才。

我曾经想努力地研究，为什么这幅画是公认的、让世人叹为观止的艺术作品。我读过有关它的历史，知道伦勃朗在何时何地画的这幅画。我还可以几年如一日地每天都来研究这幅画，但我绝不会发现它的秘密所在。原因就是，我一直站在错误的位置。

本书会告诉你应该站在什么位置：如何关注孩子的行为，对孩子的需求做出反应，帮助孩子自己解决问题。这将改善你和孩子之间的关系。这不是让孩子停止做或说你或他人不喜欢的事情，或是让孩子不给自己惹麻烦。本书的目的是使孩子拥有不一样的心情、专注力以及社会交往的能力，让他学会设身处地为别人着想，给予别人同情，培养出更高的价值和美德，这对孩子的长期幸福至关重要。

我们对自我调节这一概念的理解发生了科学的改变，因此产生了这样的方法。事实上，自我调节这个术语已经被应用在许多领域，所指意义也各不相同。但是在心理、生理学意义上，它最早指代的是：我们管理自身所面临的压力的方式。而"压力"最初指的是，当我们为了维持某种平衡而消耗能量时，我们面对的所有刺激源的总和，不仅仅是我们所熟悉的心理社会压力，即工作的压力、别人对我们的看法等，还包括环境，正如上文提到的那位小男孩儿所遇到的那种环境，包括听觉和视觉的刺激、积极的和消极的感觉、我们感到难以控制的东西、旁人对我们的压力。对于现在的很多孩子来讲，压力还包括他们在自由时间内应该做什么或者不该做什么的问题。如果孩子的压力负荷持续增加，他们的恢复就可能受到影响，即使面对的压力很小，他们的反抗力度也会加大。

自我调节是一个"五步法"：

（1）认识到何时孩子压力过大；
（2）识别他的压力；
（3）减少他的压力；
（4）帮助他意识到何时需要自己做到这一点；
（5）帮助他发展自我调节策略。

判断孩子是否压力过大或者什么因素对他造成了压力，是不容易做到的。尤其现在的孩子要应对那么多隐藏的压力。我们总是以为告诉孩子冷静下来就好，即使这从不起作用。帮助孩子学会自我调节没有捷径可走，每个孩子都是不同的，他们的需求也是不断变化的，所以，即使在上周奏效的方法，今天就可能不再有作用了。但是，掌握了前四个步骤，你就可以尝试和探索什么对孩子有效，什么没有。最重要的是，孩子也会学着这样尝试和摸索。

从柏拉图时代开始，**自我控制**（self-control）就被推崇为品格的标尺，这种假设根深蒂固地影响着我们如何看待孩子，以及如何把他们培养成具有健全头脑、身体和性格的成年人。对于成年人也是如此，我们一直认为意志力是抵制诱惑，面对逆境和挑战时坚持不懈的必备要素。问题是，柏拉图之后的一些古典哲学家和自我控制理论的追随者不知道有更基本的东西在起作用。

自我控制是抑制冲动（inhibiting impulses），而自我调节是识别原因并减少冲动的强度，并在必要时，拥有抵抗冲动的能量。我们一直没有清楚地理解这种区分。的确，这两个概念经常被混为一谈。自我调节和自我控制有着本质的区别：自我调节让自我控制成为可能，或者就像经常发生的那样，它让自我控制变得没有必要。除非我们明白这个根本的区别，否则，我们的方法就会有风险，很可能会增加削弱孩子自我控制能力的因素，而不是帮助他们拥有在学校和生活中取得成功所需要的基本能力。

自我调节理论认为，即使是"有问题"的行为也有可取之处，这种行为仅仅表明孩子处于压力过大的状态。试想一下，具有强烈冲动或一点即爆的孩子，在调节自己的情绪方面会有麻烦：他会经常处于崩溃或极不稳定的状态，不能忍受挫折，稍有障碍就会放弃，很难专注或应对干扰，在管理人际关系或给予共情方面也有困难。我们想当然地认为，这些行为是"坏""懒惰"或"迟钝"。实际上，这往往是一种迹象，表明孩子的压力负荷太大，而且已经没有能量应对了。因此，自我调节将教我们发现孩子对什么感到有压力，以及如何减少这些压力。之后，我们需要帮助孩子学习自己调节这一切。

自我调节的起点是，我们可以识别并减少自身的压力，以及在和孩子沟通时保持冷静、专注。就像上文中提出问题的那位老师，当我们愤怒、担心，或对孩子束手无策时，我们需要能够说出："这到底是怎么了？我忽略了什么？"有时候，我们还需要能够说出："我错了。"这很重要，即使没有人喜欢这样做。

我与那位幼儿园教师保持着联系。她有一次告诉我，那天很多事情都改变了，不仅是她与那个小男孩儿，以及和班上其他孩子的互动方式发生了改变，她的整个生活也发生了改变。她对待自己的家庭和朋友的方式都有了蜕变。最重要的是，她自身也发生了转变。她坚信所有这一切的发生，就在那个瞬间。

为什么会这样呢？她曾经那样冷酷，厌倦教学，讨厌与这个男孩儿沟通，也曾经准备放弃他，但真相并非如此。实际上，她非常体恤学生，也非常热衷于教学，但她最后还是确认这个男孩儿有哪里"不对劲儿"，而这样的判断并不正确。的确是有什么事情正在发生，但并非"不对劲儿"。这本书讲的就是，如何探明你的孩子身上到底在发生什么。

有一种方法可以从根本上解决这个问题，它叫作自我调节。我们创造了美利德（MEHERIT）中心，教父母和老师自我调节，效果好得出奇。这本书将告诉你如何使用这种方法，并教你的孩子怎么做。但是，这种方法不仅仅可以帮助"有问题"的孩子，它对所有的孩子都有帮助。这是我们每个人现在都需要做的事情，比以往任何时候都更需要。

1

第一部分

自我调节：生存和学习的基础

更多地意识到自己何时压力过大，并知道
如何打破这个循环，我们就可以更好地自我调
节；换句话说，更好地管理我们生活中各种各样
的压力。

第 1 章

自我调节的作用

再努力一些！

你经常听到这样的话，自己也经常说这样的话。要意志坚定，要有更多的自我控制，包括吃什么，喝什么，对老板该怎么说话，空闲时间该做什么。要多锻炼。要控制自己的消费。抵制周围无尽的诱惑，如果你失败了，那么要更加努力。

我们经常听别人这么对自己说。当尝试帮助我们的孩子取得成功时，我们也经常会对孩子这么说。但是，貌似我们努力越多，就越难以实行自我控制，目标的实现也更加遥不可及。我们痛恨自己的软弱，孩子同样会这样，自责和羞愧对孩子的学业和生活没有任何帮助，而这并不是我们所希望的。

神经科学的新进展解开了我们为何会如此表现的谜团。更重要的是，为什么我们实现自己所想会这么难，同时，这些新进展还告诉我们如何改变自己的行为，而自我控制和正确的解决方案关系甚微。事实上，目前的研究表明，我们越注重自我控制，越为之努力，达到自我控制和行为的积极改变就越难。

不要误会我的意思：自我控制也是非常重要的。我们都知道某些领域的专家在自我控制方面是模范，但更为根本的是我们所承受的压力，以及我们是如何处理这些压力的，即我们是如何自我调节的。事实上，仔细审视那些"成功的故事"，你就会发现，真正使他们与众不同的，是其非凡的自我调节能力。

更多地意识到自己何时压力过大，并知道如何打破这个循环，我们就可以更好地自我调节：换句话说，更好地管理我们生活中各种各样的压力。自主神经系统（autonomic nervous system，ANS）以新陈代谢来对压力做出反应，新陈代谢过程会消耗能量，接着触发促进复原和生长的补偿过程。我们的压力负荷越大，复原的过程就会受到更多的限制，结果行使自我控制的资源就会更少，我们的冲动就会更激烈。一旦你理解了大脑对压力的本能反应，并实行自我调节，实行自我控制的需求通常就不存在了。

神经科学的进展颠覆行为根源的神话传说

大家所熟知的"自我控制代表力量和性格"的古老理念中，最严厉的就是"自我控制能力差等于软弱"这样的说法。这个理念已经左右了我们几千年。被认为自我控制能力差会引起难以名状的内疚和互相指责。而现代科学告诉我们，这种观念不仅仅是过时的，而且从根本上就是错误的。

边缘系统的运作是自我调节领域一个突破性的科学发现，约瑟夫·勒杜（Joseph LeDoux）将边缘系统称作"情感的大脑"。这个皮层下的复合

11

组织就位于**前额叶皮层**（prefrontal cortex，PFC）以下，其主要结构是杏仁核（amygdala）、海马（hippocampus）、下丘脑（hypothalamus）、纹状体（striatum）。边缘系统（见图 1-1），尤其是杏仁核和伏隔核（nucleus accumbens）（在腹侧纹状体中），是强烈的情绪和冲动的来源，它在记忆的形成以及与记忆紧密相连的情感性联想中起关键作用，这些情感性联想既有积极的，也有消极的。爱、欲望、恐惧、羞愧、愤怒和创伤，这里是它们的神经大本营。

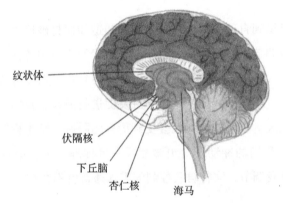

纹状体

伏隔核

下丘脑

杏仁核　　　海马

图 1-1　边缘系统

最初，人们认为大脑是通过一种层级结构在起作用，在前额叶皮层中有"高层"的执行系统统治并控制从"低层"的边缘系统发出的冲动情绪。这里的理念是，我们妥协于冲动是因为我们的前额叶皮层太弱，以至于无法抑制从大脑边缘系统发出的强烈的冲动。把意志力和自我控制作为一种精神肌肉来看待就符合这种说法，这个观点延续了很多年也没有人提出反驳的意见。正如苏格拉底时代，人们通常认为补救措施就是在严明的纪律之下进行严格的实践操作，进而获得自我控制能力的提高。这就如同锻炼肌肉一样的模式。在这种模式中，自我否定——抵制诱惑和本能的欲望——变成了一种实现自我控制的标准程序。

然而，在过去的 20 年中，脑科学的发展揭示了一个截然不同的画面。前额叶皮层通常是扮演理性、抑制的角色，例如衡量即时奖励还是长期利益更有价值，但是当一个人的压力过载时，前额叶皮层这方面的能力明显降低了。尤其重要的是对下丘脑的新认识，我们现在认为下丘脑是大脑的"主控系统"，因为它调控着系统中数量庞大的子系统。包括免疫系统、体温、饥饿、干渴、疲劳、昼夜节律、心律和呼吸、消化、代谢、细胞修复，甚至听、说、理解他人的社会性或情感性线索、为人父母以及依恋行为的一些重要方面，也是下丘脑调控的。所有这些不同的功能都与大脑一种最原始的反应（即对威胁的反应）相连，从相对较小的压力源到相对大的威胁，或者至少是我们的边缘系统"认定"的威胁，都会让大脑有这种反应。而当我们能够让这种反应冷静下来时，我们才能让所有其他自我调节过程协同一致。

自我控制也是非常重要的，但它并非强大健康心态和成功生活的核心组成特点，自我调节才是。

三部分的和谐：三位一体的大脑

20 世纪 60 年代，保罗·麦克莱恩（Paul MacLean），耶鲁大学的一位神经学家，他发明的大脑理论模型一直被世人所认可。根据他的"三位一体"模型（见图 1-2），我们实际上有三种不同的大脑，每种大脑都是在我们进化过程中的不同阶段发展出来的，并且层叠在彼此的顶部。它们的名字可以显示其特征：在顶部和最前面是"最新的"大脑，我们称为新皮层（neocortex），它支持如语言、思维、理解和自我控制这样的高级功能；它的下面是一个比较年长的古哺乳动物脑（paleomammalian brain），安置着边缘系统，强烈的情感关联与冲动行为；而最底层是最年长、最原始的，它与边缘系统密切合作来调节我们的唤醒程度和警觉性，我们称之为爬虫脑（reptilian brain）。

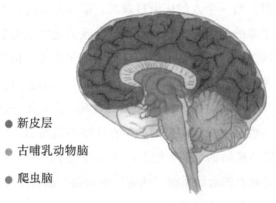

● 新皮层

● 古哺乳动物脑

● 爬虫脑

图 1-2　"三位一体"大脑模型

麦克莱恩的模式现在看来过于简化了，但这对于理解自我控制和自我调节在神经生理上的差异是很有帮助的。自我控制更像是一个"新大脑皮层"的现象，由前额叶皮层中的少数系统支持，而自我调节是深受古哺乳动物脑和爬虫脑影响的，这两个系统不仅独立于并且先于前额叶被激活，还会在很大程度上限制那些前额叶系统的功能。

警觉的脑：被设定为提供 24 小时的保护和防御

下丘脑负责监督我们的"内部环境"，并确保某些功能的运行。例如，确保我们的体温接近 37 摄氏度，确保我们的血液中有适量的钠和葡萄糖，或者在睡眠期间确保某些系统处于休息和恢复期，其他系统可以进行修复和促进伤口的愈合。如果室外温度突然下降，下丘脑会触发一种代谢反应以产生体热，让我们的呼吸加快，心率加速、体战或者牙齿打战。所有这些都要消耗大量能量。

　　寒冷的外部环境是一个自主神经系统给予监控和回应的"压力源"的经典例子。如果平常的情感、社会和认知负荷之外有太多外在"压力"，边缘系统就会变得对任何微小的危险都异常敏感。在前额叶皮层有机会断定是否真的危险之前，边缘系统已经把这种迹象看作一种威胁而跳闸报警，就像通过震动引发汽车防盗器报警——这样会引发神经化学物质的释放来应对危险，即进入"战斗或逃跑"模式。如果不奏效，大脑就会进入冻结状态——类似于一些动物面对危险时的"装死"行为。"三位一体大脑"的最原始部分——"爬虫脑"，为了响应危险，会释放肾上腺素，并启动一种复杂的神经化学连锁反应，引起皮质醇的释放。

　　这些神经化学物质能够提高心率、血压、呼吸频率，并且输送葡萄糖和氧到达主要肌肉（包括肺、喉、鼻），身体能量会很快增加。脂肪细胞代谢脂肪，肝脏代谢葡萄糖。警觉性和反应性也会增加，表现为：瞳孔放大、头发直立（这样会使我们的古人类祖先看起来更强壮和更令人生畏）、汗腺打开（身体冷却机制的主要方式），同时释放内啡肽，增加疼痛耐受力。在一个需要快速反应的可怕情境（战或逃）下，这就是你所需要的东西。

　　至少对于当代社会，这个"报警"系统是非常原始的。就此而言，一个真正意义上的敌人和一个角色扮演游戏中的假想敌没有什么区别：两者都能引发肾上腺素的释放。这些系统是为野外的爬行动物和哺乳动物设计的，它们无法判断威胁的大小，也不能判断威胁可能会持续存在的时间长短。警报持续存在，系统就会一直处于"战斗或逃跑"的状态，不断产生过量的压力激素，会影响器官和器官系统的正常功能，甚至在成长中令大脑的某些部位产生细胞损伤。

为了有足够的能量对应"报警"，我们的下丘脑将会关闭所有不必要的消耗能量的功能，在这样紧急的关头我们自然会使用最大的能量来应对危险。减缓或关闭的功能很多，这也是我们在最需要自我控制时却发现难以自控的根本原因。

"战斗或逃跑"分散能量，消耗储备

在"战斗或逃跑"的状态中，身体不会为紧急状况下非必要的功能提供太多能量，例如消化。你大吃一顿后的呆滞感觉就反映了消化所需要的能量多少，这大致是人体总能量的 15%～20%，大脑保持运行一天所需要的能量也就是这么多了。消化可能需要四小时到一两天，它的"能量成本"是比较大的，因为它需要消耗大量能量来为在胃里消化食物产生适当的化学平衡，也包括在全身产生分解酶来分配营养。在压力下处于放缓或暂停状态的其他代谢功能包括：免疫系统、细胞修复和增长、血液分流到毛细血管（这样你就不太可能由于受伤后流血过多而死亡），以及生殖。

你可能想不清楚以上哪种情况可能与你发脾气、吃掉本打算留在盘子里的那块蛋糕，或与孩子发脾气、崩溃或数学焦虑等有关系。这是因为战或逃状态对前额叶皮层所支持的理性和抑制功能有影响。

想想你曾经千百遍地告诉过你八岁的孩子不要这样做，可他还是无动于衷时你愤怒至极的情景。那时候你在多大程度上是理智的呢？你可能被气得无语，更别说冷静思考了。我们在愤怒时往往会坐立不安，因为这时是哺乳动物脑和爬虫脑在运行，我们前额叶皮层的左侧已经被迫退出舞台。

我们失去了所有的前额叶皮层所支持的那些美妙的高级功能：语言、反思、能理解其他人的社会和情感的"读心术"、共情，当然，还有自我控制！

关于在"战斗或逃跑"状态中关闭的功能，分子生物学家已经有了奇妙的发现。例如，突然性的高压会使孩子的中耳肌肉收缩，这会减弱他加工语音的能力，同时会增强他对低频声音的听觉能力。这对哺乳动物脑和爬虫脑非常有意义：那些低频率的声音可能是食肉动物潜伏在草丛中的信号。这解释了为什么心情沮丧或心不在焉的孩子会忽略我们的存在，除非我们站在他们面前，但如果我们站在他们面前，我们的声音和肢体语言又会被认为是一种威胁。

在"战斗或逃跑"状态中，我们会搁置现代的、基于语言的社会性大脑，回归到古老的前语言状态，这时是被逼至绝境的动物的原始生存机制在发挥作用。

自我调节：大脑如何平衡唤醒状态和唤醒调节

自主神经系统负责调节不同唤醒状态之间的过渡，人们处于深度睡眠时处于最低唤醒状态，在孩子发脾气时，你则会处于最高度的唤醒状态。

最好把**唤醒调节**（arousal regulation）理解为两种系统的相互作用：激活交感神经系统（SNS）会让我们更加兴奋，副交感神经系统（PNS）则会让一切放缓。实际上，大脑的作用方式就如同脚踏油门踏板或刹车板。一个特定任务需要多大程度的激活或恢复，依特定情况而定，当然这还和我们的能量储备有关。每一天我们都在这种"唤醒"程度高低之间转换。兴奋程度上升，能源消耗自然也会增加，兴奋程度减少的时候，能量就会储备下来（见图 1-3）。

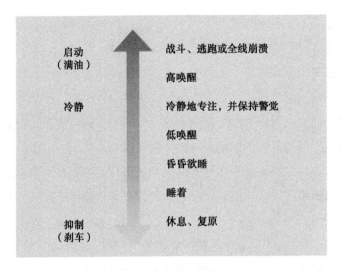

图 1-3 自我调节唤醒状态

孩子面对的压力越大，大脑管理这些转换就越困难。"恢复"功能开始失去弹性，孩子会处于低唤醒或高度唤醒状态。我们可以试想这样的一个孩子，他自我感觉很难动起来，或者总是处于亢奋的状态，难以安稳坐着。

最重要的问题是：孩子的战或逃反应是什么时候被"点燃"的？孩子为何容易且反复受到惊吓呢？发生这种情况时，孩子会远离我们，而家长往往会认为这是一种排斥。实际上，这是另外一种"大脑层级"功能——应对威胁的一系列自然生理反应：

1. 社会参与状态；

2. 战斗或逃跑状态（交感神经兴奋）；

3. 冻结状态（副交感神经兴奋）；

4. 分离状态（以下简称"身体之外"状态，他们认为他们自身发生的事情就好像是发生在别人身上一样）。

这种"压力反应层级"体现了麦克莱恩"三位一体"模式的大脑，从前额叶皮层中"最新的"大脑系统（社会参与）再到古老的威胁应对机制。当社会参与不可用或不足以应对当前状况时，大脑就会转变到战斗或逃跑的状态。在这种状态下，孩子不仅会回避社会交往，而且社会交往本身就可能成为一个压力源：即使是在孩子最需要我们的时候，他们也会逃离我们或者与我们对抗。如果这种危险一直存在，大脑就会转移到"冻结"状态，它会积攒日益减少的能源储备为生存做最后一搏。最后一个阶段是分离状态，它更像是一种减少心理和身体痛苦的机制，而不是一种生存机制。

在长期的低唤醒或高唤醒的状态中，大脑经历了一个从所谓的"学习的大脑"到"生存的大脑"的重大转变。此时孩子关注和处理自己身体内部和身边的事情是非常困难的。孩子很容易产生"关机"、冲动，或攻击行为（对自己和他人）。长期精神恍惚或多动的孩子不是性格上有些许程度的"软弱"，也不是因为他们不够努力，而是他们正经受着太多的压力。

我们不能强制孩子"冷静下来"，更不能威胁他们不这样做就会惩罚他们，否则就会大大增加他们已有的压力。当他们不知道怎么办的时候，他们不能选择自己是处于低唤醒状态还是高唤醒状态，就像有时他们根本不知道怎样才能安静下来一样。在这一点上，自我调节会为他们提供工具和技能。

与自己作战：内心战役的高成本

如果长期处于高度唤醒的状态，大脑边缘系统就会对压力变得很敏感，所以很轻易就会启动"发动机"。如果系统处于时刻准备发现威胁的状态，感知本身自然就会产生变化，即使是在没有威胁的时候也是如此。在实验中，我们惊奇地发现：儿童长期处于低唤醒或高唤醒状态时，在实验中他们更有可能把照片里的中性表情认为是有敌意的。

危险情景下，这有重大的进化意义。现在的问题是，系统接收到更多警报，就会更倾向于"点燃"状态，就更容易报警。不幸的是，如果警觉系统触发得太容易又太频繁，我们到最后甚至都无法注意到这种情况的发生了。

回想一下你的日常工作日：闹钟一旦响起（这个普通的家用设备起了这样的名称的确是有原因的），瞬间你就进入了高唤醒的状态，尤其是当你昨天晚上没有睡够或没有睡好的时候。你不得不催促孩子刷牙、洗脸、吃早餐，之后开车送他们去学校，然后再赶往自己的上班地点。一路上还要应对拥挤、交通、噪声，很有可能还要面对上班迟到的问题。一天的工作还没开始，你就已经处于高压之下了。

也许上午的咖啡和甜甜圈可以带给你平静的心情。这种甜食能抚慰你的心情，并且与积极情绪相关，这是有着生理上的原因的。但是，或许你想吃的欲望超出了你的控制，暴饮暴食会让你感到内疚，所以你开始反抗。反抗这些冲动足以把你带入战斗或逃跑的状态，一旦前额叶皮层重新启动，你会因为自我控制能力不够而对自己生气。这会使你更容易进入一个你本身知道并且恐惧的"战斗或逃跑"的恶性循环。

有一种持续了长达 2500 年的观点是，我们痛斥自己缺少自我控制力的情景，就如同我们经历了一场执行功能和本能冲动之间的战争。在这场战争中，我们总是失败者。"自我控制"这个概念背后的意思是说，如果你能培育"能力"（"坚韧""决心""自律"）以赢得这场战争，你就能抑制住在面临困难时想要放弃的冲动,这些困难包括与孩子或伴侣的沟通,或者工作中的难题。基本上你是在学习如何应对不舒服的感觉,不向其妥协。但是,这种战争的成本一直很高,在这种情况下,我们的能源储备会付出沉重的代价。

我们终将会感觉到这种代价,如果不是在当时,也会是在后来的某一时刻——一个更加难以控制负面情绪、自我纵容,或身体、精神或情绪出现了一些更深层次问题的时刻。事实上,科学家已经证明,增加受试者的压力会增加他们的冲动倾向,并降低他们的自我控制能力。与其忽略这些情感,不如让自我调节引导我们认识到这些是我们压力过大的表现,我们的系统一直处于"警觉"模式,而我们真正需要学习的正是如何将其关闭。

压力循环:多种压力使系统处于"超速运转"状态

自我调节的关键并不是为一种行为或者一种反应贴上标签,将其作为我们必须抵制或控制的东西。我们需要经常要问自己的问题,不是"为什么我不能控制这种冲动",而应该是"为什么我会有这个冲动,为什么是现在"。这就是为什么自我调节成为一种有力量的工具,可以取得积极且持久的功效。

我们这里所说的并不仅仅是冲动,有时是一种长期的担忧,或是一些不针对具体事物的一般性的恐惧或潜伏很久的愤怒,某种闯入脑海的想法,或对前景的一种失望,等等。我们可讨论的东西还可以有很多:那些与触发唤醒相联系的强烈情绪状态——如突然的"战或逃"或"冻结"反应、突然的冲动、强烈的感受,以及强烈的需求。

虽然这样,但唤醒并不是敌人,我们仍需要唤醒来维持生活和工作。我们需要从熟睡转换到清醒、从做白日梦转换到集中注意力、从玩耍转换到工作。孩子需要唤醒状态才能学习。所以依赖唤醒来调整能量是正常的、健康的，这些度过这些状态转换的循环都需要很多的能量，我们每天都要经历一些这样的循环（见图1-4）。上调唤醒度和唤醒的内在周期性，反映的都只是纯粹的生物学状态，没有"好"与"坏"之分。

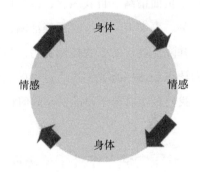

图 1-4　身体 – 情绪的关系

当处在超速阶段、不能"降挡"时，我们就需要调节，打破这个失控的"压力循环"。

我将会添加更多的元素到"压力周期"，但我们首先讲解这个简单版本，它向我们展示了身体和情感元素是如何互相关联和互相促进的。

刺痛或疼痛会引起肾上腺素的增加，引发情感关联，也会因而产生突然的恐惧或忧虑。同样，这种突然的恐惧或忧虑的感觉也会引起不舒服的身体感觉。当压力持续时，肾上腺素会继续增加。因为身体和情绪刺激反应会彼此加强，并进一步削减我们所剩无几的做出反应所需的资源，所以，试图通过自我控制的行为强行中断这个压力循环的做法，只会让我们更加失控。冲动突然爆发的时候，看上去我们很软弱，实际上这只是一连串的生理现象，激活或关闭不同的调节过程的现象。

我们不必坚持要施加更大的自我控制以克制自己不要冲动行事，自我调节将引导我们认识冲动的源头，以及学会中断这个循环。通常情况下，只要能意识到情绪和身体之间强有力的联系，我们就真的开始了自我调节。

汽车上配备的仪表板可以提醒我们何时发动机运行过热，液压油过少，或油箱内的存油量过低。而我们却没有这样的系统。我们体内没有这样的结构可以告诉我们何时处在压力循环的哪个阶段，而这个循环却一直在迅速地排空我们的能量储备。消极的情绪、思想和行为就是这种状态的信号，它们可以告诉我们何时压力过大或者自身能量已经耗尽。

这一点对于我们管理孩子特别重要。问题是儿童，或者十几岁的孩子很难表达出他们的感受是什么。他们正是通过行动或不行动来向我们展示他们的感受。一旦我们学会了如何识别他们的信号，我们就可以采取有效的措施来帮助他们调节自己的唤醒度。对于父母来讲，第一步往往是认识到自己身体信号的重要性，但是在照顾孩子的忙碌过程中，父母会忽视甚至会否认这一点。

自我调节中，父母是天然的同伴

林欣和明明：自我调节 / 自我控制的十字路口

林欣带着 12 岁的女儿明明到我们这里寻求帮助。她的女儿患有焦虑症。同样，林欣自己也很焦虑，她坐立不安、喋喋不休，手指上的痕迹显示她经常吸烟。所有这一切都是容易理解的：对女儿的担忧，正折磨着她。

作为母亲，林欣总是把自己的需求放在女儿的需求之后。但问题是她自身长期处于一个压力循环，并且这个循环时刻处于启动状态。她的睡眠不好，担心家庭开支、孩子、婚姻以及她的工作。半夜醒来的时候，她就会考虑一件又一件的事情。她承认自己"神经过敏"。这种长期的紧张状态只会让她在明明不高兴的时候更容易焦虑，而这种焦虑、紧张、脆弱和更多焦虑一遍又一遍地重复循环出现，这些只会增加她的紧张，并且进一步消耗她的能量。

在工作中，我经常能够看到林欣所呈现出的这种独特模式，我们可以称它为："自我调节／自我控制养育分裂"。她很快就看到了做到自我调节对女儿的重要性，但对于自己，她却依然十分相信自己所需要的是更多自我控制：这是为了女儿好！她立即就发现女儿是处于那么多的压力之中，包括生理、心理和社会的压力，但她感到自己应该为此负责，并为女儿的焦虑感到内疚。她确信自己需要更加努力地控制自身所有的焦虑情绪。

这需要时间，但最终她还是认识到，她需要为自己、可能更多的是为女儿做到自我调节。林欣决定秋天开始参加一个瑜伽班，她在生孩子之前就练过瑜伽，她感觉瑜伽能带给自己平静和愉快。不久，林欣和明明每周就开始背着瑜伽垫去参加秋季的瑜伽课了。

当然，这对于她们来讲，不仅仅是学习到了呼吸调整方法，更多的收获在于：一方面，林欣有强大的驱动力去做任何对于她们俩有益的事情；另一个方面，明明从自我调节练习中获得的益处，奇迹般地消除了林欣的无助感。林欣说，最大的动力是她认识到自己需要和女儿做一样多的自我调节练习。

看到她们两个通过自身的努力有这么大的进步，真的非常激动人心。

自我调节：行为转化的五大核心步骤

自我控制针对所有挑战采取的是一刀切政策。相比之下，自我调节创造了一个开放的、广阔的系统，旨在引导我们在任何情况下做最好的自己。对自我调节理解越透彻，我们就能更好地把具有挑战性的行为转化为正面的参与机会。

所有年龄段的孩子都可以学会自我调节的技能，而我的首要目标是让你学会如何帮助孩子进行自我调节。和林欣的案例一样，你将学会阅读孩子的行为特征，理解孩子行为的意义，找出并减少孩子的压力源，帮助孩子在这个过程中有清醒的自我意识，而不是试图抑制或控制他在想什么，会感觉到什么，或者做什么。你会帮助孩子体验到什么是"冷静"的感觉，以及当他们觉得有必要的时候如何建立这种感觉。自我调节的这五个步骤将成为你的另一种天性。

（1）识别迹象，并重新定义行为。

（2）识别压力源。

（3）减少压力。

（4）反思。意识到何时自己处于压力过度的状态。

（5）做出反应。发现什么可以帮助你平静、放松和恢复体力。

以上五个步骤是你应该学习，并在压力过载的那一刻使用的常规方法。

识别迹象，并重新定义行为。我们要做的很多工作，都会涉及学习如何理解那些你感到麻烦或恼怒的一些行为。这将始于如何学会认识自己的行为、如何辨识它的本质，哪怕它琐碎得就像一次发烧或者皮肤过敏。

识别压力源。问一问自己，为什么是现在呢？压力通常意味着为工作、金钱烦恼，或者来自社会的担忧、有太多的事情要做却又没有足够的时间。这些当然是压力，但压力的概念要宽泛和微妙得多，尤其是当我们谈到隐性压力的时候。对一些人来说，噪声或某些类型的声音或许是刺激性的。但对于另一些人，光或视觉刺激（过多或过少）才是压力。其他常见的压力还包括讨厌的气味、不舒心的材质、坐、站或等待的状态。值得注意的是，环境可能非常有压力，但是我们可以将这些压力挡在意识之外。但是，在大脑深处的监控系统（哺乳动物和爬虫脑），却没有将它们挡在外面。关于如何处理所有这些压力，哺乳动物脑和爬虫脑持续不断地与我们的内部感受器开展着对话。

减少压力。如果你对光线非常敏感，那么把你的开启 / 关闭开关换成调光器，这会让你调节灯光的亮度，并让你感觉舒服。在自我调节中，调光器是一个有用的比喻。我们有身体、情感、认知和社会压力，如果有一个调光器会很有帮助。在某些情况下，你可以完全消除压力。

反思。意识到你何时压力过大并且知道为什么。如果我们过于习惯超负荷的状态，那么这种状态就会变得"正常"，以至于像静坐、专注自身的呼吸这样一些通常我们认为是安静的状态，却可能比狂躁更令人痛苦 1000 倍。自我调节会缓慢地发掘这种内心的自我意识，所以这样的转变会变得不仅是可以容忍的，并且是令人愉快的。最终的目标是要意识到压力过大的原因，而不仅仅是表面的症状。

做出反应。找出什么让你回归平静。最终，我们需要运用战略减少紧张并且补充能量，这是自我调节需要个性化的原因，这里没有一刀切的方法。一个人认为是平静的事情，可能对另一个人却有相反的作用。你发现可以起到镇定效果的方法，或许在第二天就没有效果了。要想达到第五步，前四个步骤是必要的。如果能够识别迹象，你就可以区分适应和不适应的应对策略。那些应对策略之所以被称为不适应，是因为它们只提供短期的缓解效果，之后我们反而会更颓废、更紧张，且更易于陷入低唤醒或高唤醒状态。

自我调节本质上是有适应性的，具有持久的影响和价值，因为自我调节专注于身体自然系统的平衡，并帮助你保持这种状态。

大众化的正念练习之所以具有这么大吸引力，是因为它提供了一个重要的、非药物的处理这些令人困扰的症状的方法。但是重要的是，我们不能忽略这些令人困扰的症状（如焦躁不安）是过度压力的迹象。而且，我们一直需要将个人的情况考虑进去：有些人（特别是有些孩子）觉得集中注意力的呼吸或冥想练习也充满了压力。正如我们即将看到的，正念练习一般都是有帮助的，但是因为它们可能触发更多焦虑——又多了一件事情需要控制——因此在某些情况中它们的效果与自我调节的目标是背道而驰的。放松练习有很多种选择，其中最重要的是帮助你的孩子发现最适合的一种。

我们需要的不是力量，而是内在的平静

当你在半夜焦虑地醒来，做出这种解释是很自然的：你不能入睡的原因是因为担心所有那些亟待解决的问题。但事实并非如此：这种焦虑是一种迹象，它显示你的内部警觉系统当你还在睡觉的时候就启动了。很可能你是在高度紧张的状态下睡着的，并且一直保持着紧张。无论触发警觉系统的是什么，都会使你的心率加快、血压升高和呼吸频率加快，这是因为维持兴奋和助长焦虑的肾上腺素激增造成的。那么前额叶皮层里那些能够帮助你重新理性评估这些焦虑想法的系统呢？还是忘了它们吧，因为它们现在瘫痪了。

打断这一压力反应循环的一种方法是深腹式呼吸和正念练习。能够让大脑冷静下来的简单正念练习包括：慢慢地吸气和呼气，体会自身的呼吸，设想你可以依赖的人或物带给你的温馨感觉，或者其他种类的冥想。关键是去追求一种乘数效应：与其掌握一种"万金油"方法——一种单一的促进自我

调节的方法——你的孩子应该探索所有种类的自我调节活动，包括运动、音乐、艺术或者其他正念活动。你可能会收听某些让你感觉平静的音乐作品。自我调节不再是为了从令人困扰的事情上面移开自己的注意力，或是压制这些困扰，而是为了打破压力循环。对烦恼想法的重构可以瞬间释放紧张的情绪，这样我们就会启动自身的恢复功能，让我们的前额叶皮层重新回到工作状态。

我们人类不是很擅长觉察自身何时处于低能量而高度紧张的状态。我怀疑这是因为一个强大的进化原因：在进化过程中，比起关心自身感受，关注可能出现的威胁无疑更加重要。现在的问题是，压力无处不在，我们经常处于压力过大的状态，而自己却毫不知情。

自我调节的真正力量在于认识和理解我们处在什么样的唤醒状态，以及如何释放我们的紧张情绪。结果不是我们终于有足够的实力战胜我们内部的恶魔，而是紧张的强度减轻，继而自然消失。

第 2 章

不仅是棉花糖

自我调节 vs 自我控制

有天晚上，我非常期待去楼上的父母观摩室观看我女儿上体操课的情况。那是一个让我感到放松的机会，并且观看八岁女儿做一些我自己做梦也不会做的事情。

在我右手边坐着一对年轻的夫妇和他们大约三岁的孩子。这个孩子精力充沛、活泼异常，不停地问这样那样的问题，还满屋子跑，不时地敲打玻璃窗以吸引姐姐的注意。除此之外，他还一个劲儿地让其他的孩子和他一起玩。他的父母非常讨厌他这样闹个不停。不一会儿，我就忘记了我女儿在干什么，只是在数 5 分钟内父母制止了他多少次。

他的父母更加频繁地一遍又一遍地批评他，刚开始他们还是很柔和地说话，但他们很快就被激怒了，变得非常生气。他们想让他安静地坐在凳子上，但是这对于他来讲简直是不可能的事情。他们拿出从家里带来的健康零食开始引诱他，后来又买来一袋爆米花给他吃。发现没有效果后，他们又拿出掌上游戏机好让他控制自己的双手，并答应回家后会给他一些零花钱，但都以失败而告终。

　　期间，妈妈朝他屁股上打了一巴掌，并且强行让他好好坐在凳子上。这个小家伙吭哧了几声，并且真正做到了安静规矩地坐在凳子上。可是过了几分钟，他就偷偷地从板凳上下来，小心地观察他的父母。他发现父母没有注意到他，撒腿就跑开了，跑得飞快！于是挨揍之前的情景又重新上演了。这种情况又持续了两个小时。家庭冲突此起彼伏。

　　看到这里，我非常同情他们。我也曾经这样对待过我的孩子。或许大家都有控制不住自己情绪的时候。有时我们会这样说：我叫你吃饭为什么不赶快来？为什么让你洗澡就这么难？你怎么能这么对妈妈说话？问题是：如果我们不是总用这样带着抱怨的语气，而是真正去关心问题的本身原因，或许事情是另外一个样子。

　　在那个家庭剧上演的晚上，体育馆里的确有几个同样大小的孩子静静地坐在观摩室里。所以到底是什么原因让这个孩子如此躁动不安呢？为什么父母的措施不奏效呢？原因是什么呢？这是主要问题。

　　或许孩子发现他很难在一个很小并且拥挤的屋子里安静下来，或许他需要四处走动才会有安全感，或许他感到坐在这个木头的硬板凳上不舒服，也有可能他感到体操课很无聊，或者是体操课太有意思，他感到太激动，必须到处跑跑跳跳才可以发泄情感。或者还有其他的多种可能。核心问题是他的行为很明显地表明了他压力过大。父母一直警告他要控制自己的行为，可是，父母越控制，孩子越反抗，而父母越无奈。

　　实际上，不管是孩子的行为还是父母的困惑和生气，都不是他们自我控制力的缺失造成的。他们每个人都感到疲惫甚至绝望。我们都会有这种感觉。在和孩子较劲的时候，我们是否想过有什么方法可以改变这种拉力赛，最重要的是改变最后的结果呢？答案是肯定的，我们一定有方法解决。如果我们要想得到好的结果，就必须改变我们的思维，我们应该努力让孩子学会自我调节，而不是自我控制。

即便是对儿童专家来说，这两个概念也是很难区分的。父母能清楚地意识到孩子或自己的失控状态，因此缺少的肯定是控制力。但是，一谈到控制，我们就结束了和孩子之间的对话，我们不会再努力地去进行建设性的交谈，也就失去了让孩子具备一种终身受益的能力的机会。自我调节却打开了机会之门，它始于自我询问："为什么是现在？"

这是一个关键的问题，由此我们可以区分自我控制和自我调节。否则，我们就会下结论说这个孩子是好的，或是坏的，我们也会随之对他们的品格、学习能力和以后的潜力做出错误的判断。

棉花糖实验：关注自我控制

1963 年，斯坦福大学教授、美国心理学家沃尔特·米歇尔（Walter Mischel），做了一个简单的实验，用以证实自我控制对孩子以后的成功会起到重要作用。实验对象是 600 名 4～6 岁的儿童。米歇尔想证实一个假设：为了得到更多的棉花糖，孩子能够抵抗住棉花糖的诱惑而等待，那么以后他的学业表现就会更好。之后对实验对象的跟踪调查显示，参加实验时选择延迟满足的孩子，他们长大后在所有方面都比没有选择延迟满足的孩子优秀：他们更有可能完成高中课程，进入大学学习；他们身心健康、很少有疾病；他们很少有鲁莽冒险的行为，也很少有违反法律或者吸毒等糟糕表现；他们对生活的满意度更高。

我们会简单地将这些好结果归功于自我控制。不过，预测一个孩子未来人生轨迹的指数，竟然是孩子是否可以抵抗住诱惑，这个方法不精确得令人惊讶。棉花糖实验似乎证实了一个流传已久的理念：自我控制决定未来的成功。另外，实验对象的年龄告诉我们，孩子自我控制能力的缺失在很小的时候就可以检测出来。这两个假设证明了我们的帮助行动在早期就可以进行，我们可以增强孩子的自我控制能力来保证他们以后的成功。于是，这个实验之后，经典的"行为矫正"理念在父母课堂、教育界和儿童专业咨询领域中普及并流行起来。

这种"延迟满足"的任务，甚至成为《芝麻街》的一首歌曲的主题，在网上循环播放。但大多数人不知道的是，实验人员可以控制孩子怎样去执行任务，无论是青少年、大学生，还是成年人，都会受到实验条件的控制。如果你在实验任务开始前让孩子疲惫，或者让孩子着急，他不能够等待的概率就会大幅上升：即使对之前会等待的孩子也是如此。如果让孩子在嘈杂拥挤或有强烈气味的环境中执行任务，或使他充满某种消极的想法或情绪，他等待起来将会很艰难。

棉花糖任务看起来可能像一个有趣的、无任何危害的、用来考察一个小孩子如何处理压力的实验，但这是经过精心设计的。对于很多孩子来讲，这个实验是有难以置信的压力的。孩子被留在无菌室，什么也不让做，就让他坐在桌子旁边一张不舒服的椅子上，盯着看面前放着的棉花糖。最重要的是，还有等待一个陌生人回来才可以得到奖励的压力，并且没办法知道要等多长时间。看着孩子们痛苦地等待，你会明白，他们的感觉就好像是那个人永远也回不来。这是一个压力测试，直白而简单：如同宇航员要经历的隔离室一样，而这是给四岁大的孩子量身定制的。

科学告诉我们，在很大程度上，孩子在这种苛刻条件下的反应取决于他的唤醒状态。棉花糖的盘子还没有出现、指令还没有下达的时候，孩子有多冷静是一个相关因素。孩子选择获得眼前的棉花糖，而不是等待更长的时间以获得更多棉花糖，并没有告诉我们很多信息。探究孩子为什么这样做，则将我们带入了自我调节的领域。这不但可以帮助改变我们的行为，还可以培养我们在充满压力的世界里的适应和发展能力。

遇到压力时，大脑会开启消耗能量的新陈代谢过程，然后为了中和这种新陈代谢带来的影响，又会触发另一组代谢促进能量恢复。这些制衡机制不断地工作是为了保持一个稳定的内部环境，保持体温在一天中始终在 37 摄氏度左右变化。通常早晨温度较低，在傍晚或晚上温度高。如果太热，身体会通过发热和出汗恢复平衡。如果太冷，身体或牙齿就会颤抖。

这些过程都需要能量，而需要能量最多的是我们的大脑边缘系统——"情感大脑"（主要管辖强烈的情感，并产生内驱力）敲响警钟的时候：我们对威胁做出反应，然后进行能量恢复。我把这个过程比喻成车上的油门踏板和刹车踏板：当杏仁核发现危险后，下丘脑就会启动，如同我们开车踩油门踏板；一旦杏仁核关掉报警系统，下丘脑就会"踩刹车"。如果杏仁核发出警报太过频繁，下丘脑就会不断踩油门踏板，然后踩刹车踏板，这样刹车片就会磨损：恢复系统就会丧失弹性。这时，问题就开始出现，包括行为问题、学习问题，以及身体、社会和情感问题。自我调节能镇静"情感大脑"，它使警报安静下来，让整个系统的觉醒度降低，这样反应和恢复的双重系统就可以很顺利地一起运行。

重要的一点是：如果孩子能量耗尽，他会感觉更难抵挡冲动，无论是拿到诱人的棉花糖，还是被命令安静坐着的时候他想去四处玩耍。我们过早得出结论，认为棉花糖的研究是关于自我控制的，却忽视了保持冷静和一动不动所需要的能源这一关键点，即在压力下保持冷静和专注也要消耗能量的生理事实。压力越大，能量消耗也越大。此外，如果实验人员专注于自我控制，并以此为目标，他们采取的方式就更有可能增加孩子的压力，使事情变得更糟。

体操课上那位年轻好动的小男孩就是一个很好的例子。当最初的努力没能让他安静的时候，他的父母提升了力度。他们反复斥责他，打了孩子的屁股，所有这一切只是进一步增加了孩子的压力，并全方位地激怒了他。最糟糕的是，父母的严厉行为将孩子从之前的"战斗或逃跑"的状态推入了"冻结"状态，我们很容易误解这是孩子顺从了我们。家长可能会认为："好了，现在他听了，现在他知道我是认真的！"很不幸，这种状态下的孩子很少能明白你在说什么。孩子进入"战斗或逃跑"或者完全冻结状态的次数越多，他对压力的反应就会变得越来越敏感。神经系统报警会变得更快，孩子就会更难以平复情绪。

自我调节和自我控制之间的区别不仅仅是语义上的不同。语言和观念具有持久的力量，特别是当我们看到它们在我们对待孩子的过程中起到作用的时候。意志力和自我控制这一长期的错误理念对我们的影响太大，扭曲了我们对孩子行为的理解，并限制了我们看到孩子的潜力，甚至也限制了孩子发挥潜力的空间。它使我们得出错误的结论，比如说，如果孩子无法抵挡住棉花糖的诱惑，我们就会认为：那是因为他是天生意志力薄弱。

通过惩罚和奖励教会孩子自我控制，这一观念从根本上讲就是错误的。一个世纪前，美国心理学家约翰·华生就提出了类似这种行为主义观点：明智地使用科学的惩罚和奖励系统，人们可以随自己的意愿以任何方式塑造孩子的性格。让我们设想下面的情景：当你哄孩子睡觉时，孩子却哭闹起来，你应该如何应对呢？根据类似行为主义的观点，安慰哭泣孩子的方式是，仅仅当孩子做出你期望的行为时，你才给他奖励；他必须学会控制自己的不安，而压制自己不要轻易安慰他，是教育的有效方法。

根据这一思路，棉花糖实验的研究表明，如果一个四岁的孩子天生是意志薄弱的，这是因为父母没能教会他如何抑制或控制自己得到即时满足的本能欲望。这些错误理论已经深入到很多有关孩子抚养的理论中。只是在近几年，我们才认识到这种观点是如何有害。

今天，我们注意到问题儿童的数量在爆炸式增长，他们在各种各样的心理、行为和社交问题中挣扎。以前，我们把这些问题归咎于自我控制能力差，但是我们现在可以更准确地知道这是与自我调节相关的问题。例如，儿童肥胖症和糖尿病越来越多，这反映了抵制垃圾食物需要的不仅仅是意志力。

在孩子身上，一些更基本的东西在失去平衡，只强调自我控制是不能解决问题的。自我控制不能建立自我调节体系，或者确保孩子每一天都有好的表现，对孩子的行为和健康也不能带来有意义的改变。除非我们理解这一点，否则我们的做法将让孩子的自我调节能力越来越差。

从棉花糖实验到大吵大闹：压力驱动行为

多年来，很多研究者一直在进行类似棉花糖的实验，数不胜数。迄今为止，在实验中最有意思的地方是研究者怎样调节孩子的压力来影响他的行为。研究者研究了各种各样的压力源。例如，要求实验对象思考或看到一些令人沮丧的事情，在进行实验时把他们置身于一个很嘈杂或有刺鼻气味的环境。研究者会故意调高或降低实验室的温度，把实验室弄得很拥挤，对实验时间进行控制，或者让实验对象在饥饿或者睡眠不足的情况下接受实验。

实验显示，我们的情感、体能或心理压力越大，我们延迟满足感的意愿就越小。这告诉我们：孩子抵抗冲动的本能是一种生理唤醒现象，这是过多的压力以及压力对于能量储备的影响共同作用的结果。试想，人们在过度疲惫的状态下怎么能够保证清晰的思维呢？我们常有这样的感觉：我们在心平气和时处理事情是如此容易。从这个角度而言，孩子的行为表达了他的生理和情绪状态，我们由此可以发现，自我调节系统是完全不同于自我控制的。

精力耗竭的孩子

外界的压力可以有很多种形式，大小程度不一。例如，来自环境、体力、认知、情感和社会的各种压力。其中每一个因素都影响着我们的自我调节系统。在喧闹的教室里，让孩子坐在狭窄的椅子上，甚至在他身边还有一位同学打扰他，在这样的环境下要求他聚精会神地做作业。这种压力会让孩子难以承受。如果我们让孩子在吃不好早餐或睡不好觉的情况下去上学，这种压力和体力的消耗就会更大。我们可以回想一下，在我们自己家里，孩子发脾气或大吵大闹的情景，试着去找找当时周围环境对孩子的压力，就会明白孩子的这种行为背后到底是什么原因了。

更为复杂的情况是，不同种类的压力因素会互相影响。在儿童游乐场里通常会有孩子发脾气的情景，他会因为一些事情而感到焦虑。这种焦虑会使他紧张，而这种紧张又会消耗他的体力。这种情况下，孩子会越发感到社会交往的困难，他会变得越来越焦躁不安，即使是以前很容易相处的朋友，交往起来也会变得力不从心。随着紧张情绪越来越严重，体力消耗就会越来越多，孩子就越接近崩溃。这种周期性的变化会在一天内循环往复，有时对一些孩子比其他孩子影响更大。而影响程度的大小取决于孩子自身的敏感度、气质和对各种压力的适应程度。

当孩子由于所处环境中的各种压力过大而感觉难以承受的时候，他们通常不能用语言表达，他们的行为、情绪，以及听不清别人说话、不能和别人好好相处，这种种表现都表达了这种焦虑。当环境因素压力过大时，例如声音、气味、视觉干扰，或者对椅子甚至袜子的不适应，都有可能影响他的精神集中程度，或让他很容易对身边的人发脾气。虽然有些孩子没有周围环境的压力，社会交往也很顺畅，也极有可能会由于父母离婚或者突然的心情变化而备受打击。还有些孩子会由于缺少睡眠、锻炼不够或者缺少营养而耗尽精力，这点对于现在的孩子来说极为普遍。综合以上不同的情况，其根本原因是相同的，这些孩子承受的压力大于他们的承受能力。过度的压力耗尽了他们的精力，使他们的身体难以应付一天的能量需求。

然而，问题并不是这么简单。当孩子精力不足的时候，他们就依赖分泌肾上腺素和皮质醇来保持精力，这就是为什么他们会感到亢奋或狂躁的原因。这种情况对于他们和我们来说都同样难以应对，这绝对不是孩子自己就可以控制得了的。他们对自己当时的行为是没有选择权的，他们的大脑中负责有意识行为的系统在亢奋或狂躁时不再起作用。所以，我很难确定体育馆里那个多动的孩子是否能听到父母的话，更不要说理解他们的要求了。这样说的原因是当时他的大脑中负责有意识行为的部分已经不再工作了。

重新定义孩子的"不良"行为

当你意识到是太多压力造成孩子行为不正常的时候，你和孩子之间的关系就会发生质的改变。在自我调节的体系中，这种现象就是**重新定义孩子的行为**。一旦你的观念改变了，可以区分不良行为和压力行为，你就会发现在孩子淘气、不听话的时候，你可以暂时停下来进行反思，而不是立即对孩子的行为做出反应。这时候，你就不再会生气，而是变得好奇，一心想找到问题的根源。你会开始学着聚精会神地倾听，而不是一味地对孩子说教和横加指责。这样，你就不会再像原来那样采取增加孩子压力的行为，让他消耗更多的体力。你开始帮助孩子安静下来，梳理情绪，回复之前的平静。这就是自我调节的理念。

自我调节基于五个发展性领域：生理、认知、社会、情感和亲社会。所有这些领域相互影响，共同回答一个问题：为什么是现在？只有把这五个领域都考虑到，我们才可以给出一个全面的答案。

下面所说的这些现象，直观地表明孩子正处于压力过大状态，却往往被误认为是行为不当或态度问题：

孩子很难入睡或不肯起床。

孩子早上容易发脾气。

孩子很容易焦虑、心烦（即使是很小的事情），并且很难平静下来。

孩子情绪反复无常，一会儿高兴，一会儿沮丧。

孩子不能集中注意力，甚至不能很清楚地听到你说什么。

孩子经常生气，或者过于伤心、恐惧或焦虑。

责备、羞辱或以其他方式惩罚孩子都可能使事情变得更糟。处罚本身就是一种压力源。正如我所提到的，处罚太严厉，孩子很可能会进入冻结状态。冻结是大脑应对压力的层级战略中令人担忧的一步。它可能看起来很像自我控制，但和自我控制完全相反：在不堪重负的情况下，应对系统完全瘫痪了。

当我们开始把行为理解为自我调节系统对压力、唤醒和能量水平的反应，而再不认为行为是自我控制或服从，那我们就会发现戏剧性的变化。有时补救措施出奇简单——降低你的声音，整理孩子凌乱的房间，或改变一下房间的灯光。对于有些孩子来说，整个过程是更为复杂的，他们会和我们一样感到迷惑。我们看到他们失败，或者看到他们根本不去尝试改变，我们却不知道为什么、应该怎么办。或者，我们看到他们放弃，我们也很明白为什么，却仍然不知道该怎么办。无论在什么情况下，重新定义孩子的行为会立刻改变整个事态，也会让我们更好地彼此理解，并且会对我们的行为产生持久的影响。

小迪：从问题孩子到领袖人物

小迪的父母从一开始就知道，他们的孩子需要更多的耐心、细心、爱心和关心。他出生就很艰难，进行新生儿身体状况检查时，阿氏评分（即新生儿评分）很低。他不但有黄疸症状，心率、呼吸频率和应激性指标都高，这意味着他出生后的头四天要在新生儿重症监护室里的胆红素灯下度过。一开始最大的挑战之一就是，他对光线、味道和气味异乎寻常地敏感。尽管他的听觉很好，但他对触碰和语音的反应却过度迟钝，尽管他听力正常，他很难辨识一些单词的发音。另外，当他疲惫和有压力的时候，这些过度敏感和过度迟钝的情况就越明显。

很显然，小迪在出生后的一年里很痛苦，他吃饭和睡觉都很困难，经常哭闹，并且很难哄。他们的儿科医生建议他们来找我，我们开始寻找小迪的压力源，并制定安抚策略。他的父母知道，如果降低自己的声音，并且减慢自己的手势和动作，他就会变得安静一会儿。当他激动的时候，他们就会尝试通过摇晃他来给他安慰。他们从不带他去超市这样的环境，这对于他来讲，感觉系统会过载。

直到两岁大时，小迪仍然容易烦躁，但是每天晚上同一时间他都会犯困，然后就一睡到醒。他胃口开始变好，最重要的是，他开始从父母那里发掘出很多快乐的源泉。母亲的声音会让他笑，一个轻轻的抚摸或者被放在父亲的肩膀上这些简单的动作都会让他倍感温馨。

随后几年，在托儿所和学前班，小迪在和其他孩子交流的过程中开始出现新的障碍。一些活动可能让一些孩子很感兴趣并且玩得热火朝天，但对于小迪来说却很吃力。他对语音的敏感度很低，有时候他不能理解别人对他说话的语调，更别说给出相应的回应。他的不回应会让对方摸不着头脑，有时对方会感到很生气。在家里，父母了解他，总是很温和地引导他多说话。但是在外面的社会活动中，他和老师或其他孩子的交流总是很紧张。在沟通不利时，彼此都会感觉很生气。

小迪在精细动作技能方面也有困难。一些简单的活动，比如涂色、搭积木或者玩玩具，都会让他感到沮丧。这种沮丧使他参与正常的社交或者学习活动都很困难，同样，这些也对他身边的孩子产生很大的压力。

小迪好的一面是他具有较强的大肌肉运动技能。在一岁时，他就已经会跑了。每次父母带他去散步，他总是要多跑一段路才会要求被抱回车里。他非常喜欢打闹的游戏。在三岁生日的时候，他就已经会翻跟头了。四岁时，他想学习滑冰和打曲棍球。小迪就是那种我们称其为感觉寻求型的孩子。他们必须依靠很多的肢体运动来感觉到自己身体的存在。滑冰滑得越多，他就会感到越冷静，吃得也会越好，睡觉也会越早，睡眠质量也会越好。

小迪五岁时是一个活跃的孩子，但他总在社交场合惹麻烦。当他感到放松的时候，会很温顺随和，尤其是在家里的时候。但当他感到烦闷的时候，就会很容易着急，与别人交往就会有困难。他不知道如何和别人一起玩。在校期间，他会争夺玩具，当什么事情不如意的时候，就会一意孤行。他的母亲本以为在家时一对一形式的游戏可能会比较适合他，但事情也不是这样。无论在学校还是在家里，为了一个玩具，他会和其他孩子越吵越凶，还很容易推搡或者击打对方。因为他有这样的行为，最后没有孩子再邀请他玩或者参加生日派对了。

对于小迪来讲，安静坐着，参加围成圆圈的小组活动，或者听从老师的指示，这些事情对他来说很难。他不能很好地理解社交暗示，这使他很容易在社会交往中失误，或者使对方产生误解。到五岁时，很多培训机构都拒绝接受小迪，其中包括幼儿健身俱乐部、幼儿艺术俱乐部、学龄前儿童夏令营和一个很先进的托儿所。原因都是一样的，因为他要么干脆拒绝参加这些团体的活动，或参与的时候很有破坏性，所以这些团体就拒绝他再加入。

他始终被别人说成是一个"难搞"的孩子，虽然有时候他很平静、温顺，也很乐于参与活动。虽然父母在他经历这些坎坷会关心他、鼓励他，但在学校内和校外的活动中，他经常被责骂，或者关禁闭。他积极参与活动的时候也从没有得到过表扬，所以后来他参与活动的积极性就越来越小。毫不奇怪，到 7 岁时，他就表现出很自卑。因为自卑，他越发不愿意承认自己的错误，这往往会让与他相处的成年人更恼怒。

虽然父母尽心尽力照顾小迪，有时他们仍然会担心他的未来。随着每一次面对挑战，每一次遭受挫败，他们就越发感到沮丧，也会觉得压力越来越大。但是，他们还是继续坚持通过限制小迪在家里看电视的时间，或者督促他早睡觉来减少他的压力。当小迪情绪崩溃的时候，他们会很有耐心，而不是苛责孩子。他们注意到，小迪开始在沮丧时学会快速地恢复自己的心情。

我提到过在四岁时，小迪曾恳求去学习滑冰和打曲棍球。他很想充满激情地去打球，但很快又担心真的和别人一起打球。一方面要融入团体的社会活动，同时还要听教练的话，这些都会使他感到焦虑。但是，在父母的帮助下，虽然他总是在绑冰鞋的时候仍然需要帮助，并总报怨鞋不合适，但他最终还是坚持了下来。虽然无数次因为鞋带太紧或是太松而给小迪重新系，父母却从不生气，他们会系好鞋带然后询问他是否合适。他们凭直觉发现，这种不舒服的感觉有时候是因为孩子的焦虑，或是孩子想象出来的不舒服，而并不是因为冰鞋真的不舒服。

小迪的一些老师、教练和同学很愿意接近他，愿意帮助他减少在学校的紧张情绪，并鼓励他使用自我调节的策略来减轻焦虑，进而专注于学习。其中有一位儿童冰球联赛的教练，他在训练中很尽心地帮助孩子。在小迪刚刚参加比赛的时候，他甚至还不能穿着冰鞋走稳，这时候，教练会和孩子开玩笑。在平时训练中也常常使用"搭建脚手架"策略帮助他，即使取得很小的进步，他的队友也会为他欢呼、祝贺。加上小迪自己义无反顾的想滑冰的愿望，他对于继续学习滑冰能量满满，信心十足。

还有一位对教育很有天赋的幼儿园教师，她知道如何去帮助孩子缓解第一天在幼儿园的紧张情绪。和其他的孩子一样，小迪第一次离开妈妈，在园第一天倍感紧张。老师发现小迪对于教室的噪声尤为感到不堪忍受，于是安排他坐在教室后面一个安静的地方，在那里他可以在需要休息时离开。

二年级时，一位很负责的老师发现他阅读时很不容易专心，便想了很多不同的方法来减少课堂干扰，这样一来，小迪能够更有效地集中精力进行阅读。其实阅读对于他来讲也是很不容易的事情。所以，我们可以很清楚地看到，这里最重要的是减少外界压力源的影响，从而可以减少孩子为了专注于阅读所必须付出的努力，这样他才可以掌握一种自己渴望获得的技能。

一遍又一遍，通过减少身体和情绪压力，小迪能够更从容地学习和掌握他所需要的、并且也很愿意学习的重要技能和内容。他学会了如何关注并认真地听老师或教练的指令，如何在学校和曲棍球课上有效地组织自己的语言、协调自身的行为、理解其他的孩子的想法和感觉，以及自己的行为或话语对周围人的影响。所有这些成就不是凭着纯粹的意志力就可以取得的，只有自我调节才可以做到这一点，让孩子有能力分配自身的能量，接受挑战，改变自我。

随着时间的推移，小迪学会了识别压力源，调整自己的情绪，了解到自己的身体状况会在不同程度上影响自己的情绪和处理压力的能力，并学会了面对压力的时候不再感到躁动和愤怒，而是采取更有效的方式去学习处理压力。换句话说，小迪在学着如何去自我调节。经过了很多波折，小迪在学业和运动方面都取得了成功。才十几岁的时候，他就成了所在高中的曲棍球队队长，在学校里也很自然成了一个学生领袖。他具有我们所期望的品质，有深厚的友谊、坚定的价值观、坚毅也很有抗逆力。棉花糖研究或者行为改变模式研究都解释不了小迪的巨大变化，因为每个人都知道他小时候的样子。对于这样一个孩子，由于早期的问题行为，大家都已经标记他为一个问题孩子，发生这样的改变也真的是让人匪夷所思。

类似小迪的情况是经常出现的。无论你的孩子可能面临什么挑战，自我调节对于后天的积极变化和成长都是最重要的。自我调节的学习是一个过程，从某种程度上说，它即刻就会为你和孩子的关系、孩子的行为带来改变，其他显著的变化也会随着时间的推移而出现。更重要的是，自我调节的学习会在很大程度上拓展你和孩子的潜能。

压制还是培养孩子：父母责无旁贷

自我调节的基础理念是：只有通过被调节，孩子才可以发展出自我调节的能力。但这并不意味着："孩子获得自我控制能力的唯一途径是我们首先控制住他。"

自我调节是关于唤醒度的调节，而不是行为管理：直到孩子自己能够进行自我调节时为止，成年人在孩子的唤醒度调节方面一直扮演着"外部调节者"的关键角色。各种各样的事情都可能让孩子进入过度唤醒或者能量、兴趣极低的状态。发生这种情况时，我们要帮助他重新找到平衡，至少我们绝不能让问题更加复杂化。

小迪就是一个很好的例子。成为一个成熟的曲棍球运动员需要夜以继日的自律和专注，但这里所说的不是一个有关坚毅的故事。至少在初期，小迪花了很多时间在冰上练习，这是因为他发现这有助于自我调节，对于大多数孩子来讲也是这样，他们自愿选择某种特定活动并且甘愿在上面花大量的时间。他们在烘焙、艺术或弹钢琴方面表现很好的原因，不是因为他们想成为"最好的"，而是因为从事这项活动时，他们感觉很好。

开始进行自我调节练习之后的一段时间，小迪有了很大的改变，其间他经历了许多坎坷。一般来说，挫折是可以预见的，例如生病或睡眠不足。他也曾经感到很难处理一些具有挑战性的情绪，羞耻和内疚对他来讲很难应对，对其他孩子也是这样。当他生病、过度劳累或突然感到尴尬时，小迪都好像变回了一个年幼的孩子。他会变得非常暴躁、有攻击性。他会用各种骂人的字眼回应那些没有任何责备语气的话语，而这种行为只会把事情弄得更复杂。或者他会非常好战，甚至带有威胁性，并完全是非理性的。对于一个爱好体育、相当强壮的男孩，这可能有点吓人，甚至是令人害怕的。但当别人对他的行为做出反应后，结果都是他感到很严重的挫折感。在看到同样的事情发生在许多孩子身上后，我开始想写这本书。

把胡萝卜和大棒换成自我调节工具包

从小迪的故事中，我们看到的是他的父母改变了对孩子的教养模式，他们选择把自我调节作为自己的育儿理念，并贯彻在每天和孩子的沟通中。父母对待他就如同对待一个小孩子，当他发脾气的时候，父母尽量舒缓语气，而不是表现出愤怒。我曾问过他的母亲，她是如何在这种情景下保持平静的，她的回答对我很有启发，一直在引导我有效地与其他家长或者老师沟通。她告诉我："他实际上并不知道他在说什么或做什么，这只是他的一种方式，他想让我知道他现在心情很糟糕。"而这正是重新定义他行为的关键。

我们常常会把孩子沮丧时所说的话当真。我们已经习惯于把语言作为主要的沟通模式，只是关注孩子的用词，而不是他的声音模式。但是，如果我们能暂时抛开他说的内容，而只是听听他怎么说、听听他的说话方式，我们听到的就会是一个小孩子在他沮丧时的情绪发泄。即使是当我们的孩子长到十几岁，他们在这些时刻仍然需要我们对他们的情绪进行外部调节。

小迪的父母和他一起在进行自我控制的学习，但后来发现，当他睡眠足够多、胃口好、坚持锻炼并进行自我调节的练习，自我控制通常不是问题。随着小迪变得更能感觉到他的内心状态，并意识到总种压力对自己的影响，他慢慢能够更好地辨识出自己何时感到疲倦或处于紧张状态，并知道该怎么应对。才十几岁的孩子，他就已经知道，如果明天需要参加一场重要的比赛或考试，他需要良好的睡眠来保证第二天有最好的表现，他不应该在前一天晚上在外留宿或参加聚会。

作为父母，我们的日子充满了各种压力。我们的孩子是需要帮助的，他们会在不合时宜的时候哭泣，每位父母都会因为孩子哭闹而不能得到好的睡眠质量而精力耗竭。在整个童年和青少年时期，我们会继续与他们变化莫测的情绪和个人喜好斗智斗勇。或者，在极端情况下，孩子会在公共场所尖叫、发脾气，这种情景常会让人崩溃、头痛，我们不得不耗尽所有的能量（你和孩子的所有能量）来应对这些。就像比赛前情绪的积累，一点儿一点儿的，直到愤怒爆发或彻底沮丧，这对于孩子和父母都是一样的，这时就会点燃情绪的篝火。

　　仅仅在过去的几年中，科学和临床实践就让我们更加清晰地理解了情绪和行为的生理机制、自我调节的关键作用，以及支持自我调节的相应技能和习惯的培养。学习自我调节永远都不会太晚。我们可以做到这一点，其实大自然本就赋予了我们这种能力，因为自我调节从我们一出生就开始了。

第 3 章

不是小问题
唤醒度调节和脑间联结

美国伟大的生物学家史蒂芬·杰伊·古德（Stephen Jay Gould）在《自达尔文以来》一书中提到，人类的新生婴儿在出生时都是没有发育成熟的。字面上的意思就是，他们是"子宫外面的胎儿"。他写道："人类婴儿在出生后九个月仍属于胎儿期"。这个观点简直是匪夷所思。每次我给孩子的父母讲到这里，我都能感觉到他们很吃惊。但是和其他生物相比，人类刚出生的大脑确实是相当不成熟。

我们出生的时候很无助，来到世上时不能喂养自己，一岁前也不能进行走路或者自我保护这样最简单的行为，自我调节的能力几乎为零，这一点我们可以从婴儿经常拼命地大哭中感受到。然而这是我们人类最典型的特征。为何自然界要对新生婴儿的大脑如此偷工减料呢？这些

47

对当今父母抚养婴儿又会产生什么影响呢？

　　对于这些问题的回答涉及我们人类两种同等重要的特质。这两种属性使人类在最初就具备了优于其他物种的进化优势。第一是双腿直立行走，第二是有一个强有力的大脑。直立行走对于我们有效分配体力来讲有很大好处。其中最大的益处是，这种行走方式解放了我们的双手。这样使得我们的祖先可以制作节省体力的工具来捕猎和建造家园。直立行走同时也促进了我们解剖学上的改变，其中最重要的是大脑的发育和之后我们人类依靠大脑在科技和社会发展方面做出的丰功伟绩。

　　这里有一个问题：人类女性只能生育人类胎儿大小的头部，否则她们将无法直立行走。自然界给出的解决方法是：在出生后，大脑保持继续发育。人类女性产道所能允许胎儿头部通过的最大值是怀孕40周胎儿头部的尺寸，这样才不会对女性骨骼产生过大的影响。（记得当我对很多听众解释这一点时，有人从后面喊："自然界干预我们也太多了吧！"）

　　随着成年体的大脑演化得越来越大，每个演化中的人科物种的新生儿大脑与身体体积的比例与成年人相比，也越来越小。现在一个新生儿大脑大约是成年人大脑的1/4大小。出生会促进神经细胞的发展，这个时间段的发展是很快速、很激烈的，在人的一生中也是唯一的。轴突和树突是神经网络的根系和枝杆，它们在婴儿期成长，并且在大脑的不同部分形成连接。我们称轴突和树突之间的连接为突触。在婴儿出生的第一年，每一秒钟都会有成百上千这样的连接产生。这种过程用专业名词描述就是旺盛的突触发生（exuberant synaptogenesis）。突触之间联系的增强和突触发育的程度在很大程度上依赖于婴儿和照顾者的交流质量。

　　在大约八个月大的时候，大脑开始修剪多余的突触，强化重要的连接。婴儿在探索周围世界时不再那么频繁地挥舞双臂，而是采取更有技巧性的动作，例如爬行、伸手、抓握或者拉拽。这个时期突触的发育和变化会很快速，一直持续到孩子四岁左右。在孩子六岁半时，大脑的 95% 已经发育完全。大脑的发育为孩子其他方面的发展奠定了基础。如果受到损坏，就会导致一系列的身体和精神方面的并发症。

一个人一生的压力反应（stress reactivity）模式在生命早期就已经形成了。婴儿大脑的神经细胞网络为孩子的语言、情感、社会交往、思考和行动奠定了生理基础，而这些都是在父母和孩子最初的交流中得以发展的。作为父母，我们认为自己很理解孩子，在婴儿出生后就关注孩子的身体和吃喝拉撒的需求。这种早期的照顾和交流是以后更深层次的神经系统发育所必需的。出生后，婴儿没有发育完全的大脑，这决定了我们作为父母应该关注什么。当我们理解了婴儿大脑还未成熟，大脑之后还会持续发育，我们会明白，婴儿和父母或者保姆之间持续的亲密交流会在很大程度上促进婴儿大脑的快速发育。作为父母，人类的自然属性让我们在抚养自身后代时和孩子关系异常亲密，当然这还取决于我们是否承担这样的抚养责任和具体的抚养方法。

出生：吓人的开始

我们现在谈论一下婴儿诞生时的情景。九个月之后，胎儿突然从相对安静、舒适的子宫的环境中出来，通过一个狭窄的通道，遭受挤压并且伤痕累累，最后，他发现自己陷入了之前从未有过的各种感觉：光线、噪声、空气、寒冷、手的触摸、被盖上干毛巾或毯子。然后，旁边有人拨弄自己、称重、测量，测试心率、肌张力和反射，于是，婴儿会感到刺痛，因为周围还有人为自己滴眼药，注射维生素 K 和疫苗，除此之外，还在脚跟处刺针进行血液检验。

新生儿必须处理各种新的、陌生的，甚至有时是不舒服的内部感觉。独自呼吸是一种全新的体验。在子宫内，胎儿需要的氧气和营养物质通过脐带直接传送到血液里，另外，脐带还负责传送胎儿所处的紧凑空间产生的废物和二氧化碳。

孩子对这些过程都会做出反应，这是新生儿来到这个世界天生具备的能力，但这并不意味着这一切对孩子的生理要求不高。这一切对于新生儿来讲都很困难，再加上婴儿最常有的行为——哭泣，所以婴儿会感到很有压力。一些证据显示，胎儿在孕晚期会默默地哭泣，虽然这种哭声没有刚出生时那么响亮、刺耳、声嘶力竭。

虽然新生儿所处的内、外部环境发生了突然的变化，但他的基本需求还和在子宫内的需求一样。他仍然需要保暖、安全和营养。他现在必须弄清楚如何把自己的需求告诉别人，而他调节自身和恢复体力的能力都是有限的。就像在子宫内的胎儿一样，在生命的第一年里，也就是在子宫之外的第一年，父母（或细心的照顾者）必须仔细留意并满足婴儿的需求。

早期护理至关重要的部分是舒缓婴儿的感受，因为婴儿很容易受到惊吓，每一次惊吓，婴儿神经系统的恢复就会耗费大量的精力。惊吓反应是婴儿的战或逃反应，这会导致他全身肌肉紧张。他很可能会晃动胳膊和腿或弓着背，心率加快、血压升高和呼吸频率加快。为了补偿这种能量消耗，大脑会释放恢复神经激素，但如果压力太大，则必须切断某些正在使用的能量、关闭一些功能，以减少体能的消耗，包括免疫系统和生长系统。这种功能的关闭本身就变成了另一个压力源。例如，在一个压力不断的环境，消化系统的消化能力会降低，但是婴儿可能因此失去吸收成长所需的重要营养素的机会。

对于成年人，思想、记忆和情绪以及某些外部事件，都可以触发应激反应。对于婴儿，我们主要关注内部和外部刺激，其中包括最基本的情感表现，例如恐惧或愤怒。这些反应是大脑面对危险最原始的反应，无论是真正的危险还是想象中的威胁，这种反应受哺乳动物脑和爬虫脑系统控制，这些系统在母体孕晚期时会被激活，并且一直处于启动状态。在子宫内即使在婴儿睡觉的时候，它们也会一直监视着周围环境，随时应对威胁。

面对惊吓，身体消耗的能量非常大，所以婴儿一定不能受到太多惊吓。如果发生这种情况，就必须保证婴儿有机会恢复体力。生理上的唤醒度，指的是婴儿面对身体内部和外部的刺激，身体和情感上警觉和反应的程度。如果婴儿受到惊吓，而没有机会进行体能恢复，他会立即变得过度唤醒，生理和心理都会处于高度紧张状态，这种情况下，他更有可能再次受到惊吓。相反，唤醒不足时，婴儿会变得无精打采，本能地退缩以保护自身，这就是婴儿的"逃跑"状态；而其他婴儿会变得易激惹，就是婴儿的"战斗"状态。

梅梅：婴儿在小酒馆

梅梅的父母曾要求见我，因为他们无法保证他们三个月大的女儿梅梅每天睡眠时间在6～8个小时。通常情况下，这个年龄的婴儿每天都需要睡大约15个小时。根据他们的建议，我们相约在靠近他们家的一个受人欢迎的小酒馆见面。我本以为只有我们三人，梅梅应该在家里与她的保姆在一起。令我惊讶的是，他们带了她过来，当时她就躺在童车里。当我问到这个，他们笑着告诉我，只有在这里，梅梅才会很乖。他们每天都想把她带到小酒馆，因为到那之后，她会很快入睡，并且会一直睡觉。我确实发现她在我们整个谈话中都在睡觉。

这个宁静的画面或许看起来没什么问题。但她的父母告诉我，她在家里睡觉就会有很大的问题。

现在，我明白为什么带她到餐厅对于她的父母显得那么有吸引力，因为这样可以避开在家里大哭小叫的折腾。这就像是一个哄她睡觉的简单办法，就好像带她去兜风，并且用不着考虑交通堵塞的问题。另外，这对她的父母也有好处，他们可以安静地吃顿饭，或许唯一能打断他们的是，有人夸她睡觉的样子真像天使一样，在一片喧闹中还可以睡得这样香甜。

梅梅的父母告诉我，他们是如何尝试着尽量不让孩子白天打盹，希望这会帮助她晚上早点睡觉，也好提高她的睡眠质量。他们也曾在孩子床边播放舒缓的音乐，并且在发现这些并没有多大帮助后，他们还试过使用助眠机器。他们有时想，或许孩子需要和父母亲近才可以睡着，所以他们把她的摇篮靠近自己的床，但仍不如意。直到现在，他们试过的所有方法，没有一个有效果。

如果我们知道新生儿大脑发育并不成熟，我们会从一个新的视角来看这种情况，对发生的事情也会理解。也许小酒馆的噪音和喧哗对梅梅来讲有很大的压力，所以她选择入睡，因为入睡是一种本能的防御机制，保护自己免受外界刺激。也就是说，或许她没有睡沉，只是感觉压力过度。这意味着她在小酒馆的睡眠也是问题之一。同样，这就是说，从大脑和身体快速发育方面来讲，她并没有得到她成长所需的高质量睡眠。她的交感神经系统处于超载状态。

让梅梅睡觉很难，似乎她也不想去睡觉。这在幼儿阶段很常见，但这种现象经常被大人误解。因为，一方面，父母感觉她一定很累了，但是从另一方面看，好像她一直在努力保持烦躁状态，这是一种高度唤醒的状态。我们很容易认为，一个孩子很明显地抗拒睡觉并不是真的需要睡觉，所以这个时候，我们迫使她去睡觉也是没有任何意义的。

这种在最需要睡觉的时候却抵触睡觉的现象在儿童和青少年阶段是比较常见的（也包括成年人）。但在这里，我们看到了三个月大的婴儿有了这种苗头。为什么婴儿讨厌睡眠呢？我们需要了解为什么这种情况俨然已经成为一种模式，但更重要的是如何突破这种模式。根据古尔德对于胎儿大脑的理论，再加上自我调节的理念，我们会发现，解决方法与我们原来的想法恰恰相反。

梅梅的父母提到了他们是如何试图减少甚至取消她在家里的睡眠。像许多家长一样，他们认为下午小睡是她夜间不睡觉的罪魁祸首。其实，认为孩子都要睡一整夜的想法几乎已经成为父母们深信不疑的事情。所以，父母在没有好方法的时候，尝试很晚才让孩子睡，或者在睡前给婴儿喂很多食物，认为这样他们就不会在夜间醒来。其实，梅梅需要白天的小睡，这样她晚上才可以睡得更好。但这是为什么呢？

严格意义上讲，这是一个"睡眠问题"，传统的解决方案似乎仅仅专注于睡眠本身以及小睡和睡眠作息习惯，而自我调节的关注点是关心孩子的过度唤醒状态，以及如何中断孩子能源消耗的循环。这里的重点是我们需要开始计算能量，并且帮助她在一天内尽量少地消耗能量，并且学会储备更多能量。梅梅不仅需要更多的睡眠以拥有更多的能量，她还需要更多的能量使她在应该睡觉的时候安定下来，这样才会有更好的睡眠，也会睡得更充分。

睡眠是她父母担心的问题，但真正的关键点在于重视学习如何识别孩子正处于压力过大状态。自我调节的第一步是读懂孩子压力过大的迹象，牢记你的孩子是独特的。同样的关于自我调节所需要的能量问题，可能表现为不同的行为。梅梅是一个睡得太少的孩子，但还有其他情况，还有睡得太多的孩子、哭得太多的孩子和从来没哭过的孩子。还有一种情况是，有的婴儿在父母抱他的时候，会感到极为紧张，而有的婴儿在父母的怀抱中瘫软无力。这些迹象是多种多样的，不是说哪种迹象一定表明婴儿感到不安全，但是，这是一种我们需要认真对待的可能性。

唤醒周期：上下波动的能量

在一天当中，婴儿会处于不同的唤醒状态。这是交感和副交感神经系统在起作用，这些系统负责能量消耗以及之后的能量恢复和补充。睡眠是最低唤醒状态（见图 3-1），消耗的能量仅能维持身体的正常运作和些许伤口的愈合。当压力不堪重负的时候，是身体最需要能量的时候。当孩子大发脾气时，这就是"不堪重负"的迹象。另外，当孩子的神经系统超负荷运转的时候，孩子也可能会产生退缩行为：为了保护自身，孩子会远离外界刺激，反应也会变得沉闷迟缓。梅梅就是属于这种情况。不论是哪种情况，神经系统上调或下调唤醒程度，都是在努力寻找一个平衡点。

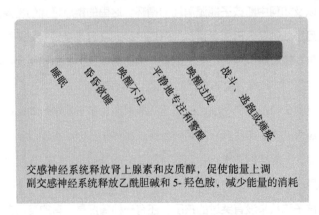

交感神经系统释放肾上腺素和皮质醇，促使能量上调
副交感神经系统释放乙酰胆碱和 5- 羟色胺，减少能量的消耗

图 3-1　交感 / 副交感神经系统

脑间联结的产生：亲子关系促进婴儿大脑成长

如果从神经学角度讲，婴儿是一个"子宫外的胚胎"，那么是什么代替了脐带及其在调节过程中的作用呢？我们可以把自我调节的过程看成蓝牙或无线连接，把照顾者的大脑和婴儿的大脑连接起来（如图 3-2 所示）。这个共享的直觉性渠道，称为脑间联结。我们通过触摸、目光对视、语音，最重要的是共享的情绪，建立和维持脑间联结。在孩子成长的过程中，脑间联结为深层次的神经、心理和感觉通路的发育奠定了基础，在孩子成长过程中的协作调节中起着关键的作用。

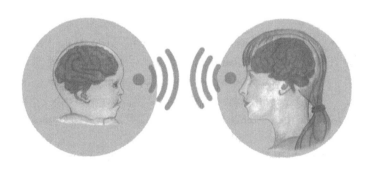

父母和孩子通过脑间联结进行沟通

图 3-2　脑间联结

在新生儿的大脑中，为唤醒调节提供神经连接和神经生理连接渠道的脑间联结尚未发育完全。脑间联结是一个脑对脑的直接连接，帮助婴儿大脑与父母高级大脑相连，同时父母的大脑有能力进行唤醒调节，所以婴儿大脑可以从中受益。

婴儿自我抚慰的反射行为有限。吸吮是一个重要的反射，其他的还有分心、目光转移（看别处），以及自我封闭。若压力过大，婴儿可能会持续保持封闭的状态，躺在摇篮里目光空洞，或者反应过于激动，长时间哭泣，很难安静下来。毫不奇怪，由于他的大脑处于原始大脑阶段，他难以在唤醒状态之间做平稳的转换。如果让他自己转换，他就很容易卡壳。他需要我们帮忙做平稳的转换，需要我们当他玩或者吃的时候"上调"他的唤醒状态；而当他休息的时候，"下调"他的唤醒状态。

高级的大脑，我们称它为"妈妈或爸爸"，它能读取婴儿的行为：面部表情、姿势、动作和声音，并相应地调整自己的行为来上调或下调婴儿的唤醒状态，这是为了必需的喂养、玩耍、认识世界、休息和睡觉。就像一个新生儿能够本能地寻找母亲的乳头，婴儿来到世上，很自然地和我们交流，得到自己还不能控制的内部调节经验。

婴儿具有天生的好奇心，但我们需要引诱他们积极地和周围人互动，所有照顾孩子的大人都需要学习如何吸引婴儿的注意力。如果在喂食和交流的时候，婴儿无精打采、反应迟缓，父母就需要通过提高自己笑声的频率、发声大小、手势等来上调婴儿的唤醒状态。如果在睡觉前，婴儿仍处于高唤醒状态，比较爱动或眼睛睁得大大的，可能就需要通过惯例性的行为，如洗澡、唱摇篮曲、读故事或轻轻摇晃，来下调他的唤醒状态。这里困难的是，每一个婴儿的特点都是不同的：对什么比较有兴趣，因什么感觉全身放松，对什么会感觉不舒服或疲惫，等等。

通常情况下，我们通过声音和温柔的触摸、灿烂的笑容和闪闪发亮的眼睛，传递我们的情感节奏，让他们参与和我们的交流。周围人做出反应后，他的唤醒度会提高，这有助于他积攒更多精力，从事那些重要的社会交往。通过交流，他会发展自己的情绪能力，学会理解面部表情、语音、手势和一些词语的意思。同理，当压力明显超载的时候，他需要时间来恢复，你舒缓的声音或者温柔的抚摸会下调他的唤醒状态。

母亲回应婴儿需求的方式和回应自己的需求是一样的。事实上，回应婴儿的需要也是在回应她自己，因为脑间联结是双向的。照顾者的反应是生理的，而不只是认知上的。她不仅会意识到婴儿的需求，实际上她能感觉到婴儿的感受。当婴儿感到难过的时候，她会觉得难过；婴儿生气或受到惊吓的时候，她也会感到生气或害怕；所以在平复孩子情绪的同时，她也在使自己变得平静。

"左脑/右脑"理论认为大脑的左右半脑负责不同模式的思考。左脑与逻辑、理性、客观思维有关，以及最重要的是，与语言相关；右脑则负责直觉、主观思维，这些思维方式是基于我们无意识接收到的暗示信号的，这些暗示信号通常来自他人的语言、面部表情、语调、姿态以及动作。这两个半脑间的联系比之前所认为的更为紧密。"左脑/右脑"模型可以作为一种简约的说法，来比喻自我调节中涉及的不同沟通模式。

脑间联结最初是父母与婴儿间的"右脑对右脑"的沟通渠道，脑间联结通过触摸、声音、表情甚至气味传递信息。到一岁的时候，婴儿的左侧大脑开始参与这个过程：这时语言正处于形成阶段。虽然在沟通早期，右脑模式会在意识层面之下持续发挥作用，影响着我们如何感觉，如何回应他人，但是之后几年内，语言都是孩子和父母沟通的主导模式。

亲切的交流有助于建立婴儿的基线唤醒水平，即他大脑的"空转速度"。对于发动机来说，这种"空转速度"可以带来刚好足够的能量，用以保证一些核心和辅助系统的平稳运行。对不同的发动机而言，"空转速度"也不相同，没有单一的标准，"空转速度"设置也常常需要根据多变的环境因素进行调整——例如季节性的温度变化，或者"空转速度"需要根据每个发动机所独有的内部机械压力进行调整。

　　婴儿的"空转速度"必须产生足够的能量，用于身体代谢和细胞发育，这是免疫系统、生长和修复所需要的。但是如果压力持续，基线水平就会向上调整。这包括生理压力，如饥饿、睡眠不足或生理性敏感，以及情绪压力，如恐惧、愤怒或负面体验。婴儿的压力越大，他唤醒的基线水平越高，在平静状态时也会消耗更多的能量，面对压力也会有更多反应。婴儿对于基线水平的上调会有非常不同的表现。在持续的压力作用下，他就会变得退缩、易怒，或者一会儿这样，一会儿那样，有时变化会就在顷刻之间。

　　婴儿的基线唤醒度在脑间联结的运作中会慢慢发展形成，这是生理基础和实际体验互相影响的结果。除此之外，在很大程度上，我们的反应和我们与婴儿之间关系的变化也影响着婴儿的基线唤醒度。但是从生理角度来看，有些婴儿的基线唤醒水平更容易增高，所以他们很难让自己安静下来。梅梅的情况就是这样。

小改变收获家里的美梦：酒馆婴儿的变化

　　梅梅的父母重新审视自己的家庭环境，以及他们与梅梅的活动模式和梅梅的睡眠时间。我们可以理解，天生敏感、长期睡眠不足和处于高压的状态在很大程度上增加了她的基线唤醒度。所以，她更容易受到惊吓并触发"战斗或逃跑"的反应。即使她正在睡觉，她的呼吸和心跳都会提速，因此她心脏的工作量总是比一般的婴儿多得多。此外，当外界存在一个压力源时，她的心脏会跳动得更快。当压力消失后，她的心率还会保持较高的水平，这样，她的大脑会继续保持高度的警惕。所有的迹象都表明：这种高唤醒已经成为她的常态。

不仅梅梅很难自己放松心情，她似乎也真的不喜欢我们所说的"轻松"和"平静"的状态。这可能是她习惯于高唤醒状态的一个标志，或者可以说是她的哺乳动物脑在说"我不想放松警惕"或者"这种感觉很不习惯或者很可怕"。不幸的是，即使没有危险，这种时刻准备应对危险的神经系统也一直处于高度警觉状态。长期的压力不断地吞噬着梅梅的精力。精力消耗得太多，梅梅自己也发现越来越难以恢复到之前的状态。

为"高度唤醒"的婴儿寻找平静支点

梅梅的这种失眠和全天的易受惊吓状态是一种所谓的"高度唤醒"。自我调节的方法可以减少过度唤醒带来的压力。对于婴儿来讲，我们应该首先让婴儿的家庭环境平静和舒适，尽可能使环境接近出生前她所处的温馨舒适、无忧无虑的子宫环境。梅梅的父母全心全意接受挑战，并致力于这种家庭氛围的改造。尽管受到了他们的抱怨，我还是建议他们着手把起居室变成"子宫起居室"。

首先，他们关掉了电视。这是一个总看电视的家庭。很多时候，早间新闻的时间里，房间里充满了战争前线的爆炸声，有时还有其他报道中紧张的说话声，其间还夹杂着新闻报道员急促的语调。梅梅的母亲是一名图形艺术家，她告诉我，她是多么喜欢在工作的时候开着电视作为背景声音。可是，她现在很注意梅梅对电视的反应。当有电视广告，电视的声音突然加大，或是有警笛的声音，或是有人生气的说话声音，梅梅都会有很明显的反应。除此之外，普通的家用电器，如真空吸尘器、搅拌机或门铃的声音也会吓梅梅一跳。有时候，甚至气味都必须淡化，例如，松香可以带给梅梅父母他们昔日远足的美好回忆，但对梅梅来说却很不舒服。

逐渐的，梅梅父母去除了让梅梅不舒服的东西。几周后，她开始每天早上睡一整上午，下午再睡一会儿，足有 16 个小时。但这并不意味着我们都要把客厅变成"子宫起居室"。孩子和孩子是不同的，什么会让他们感觉舒服，什么会刺激到他们，都是不同的。对于父母，最关键的是要认识到孩子什么时间有警觉反应，并且能发现他们什么时候唤醒过度。梅梅的父母没有试图去强制她睡觉，相反，他们发现通过减少孩子的压力，继续平静地和她说话，她就会变得不那么敏感、警觉了，并且开始更多地适应周围舒服、安静的环境。梅梅的失眠的确敲响了父母的警钟，这帮助她的父母学会了识别她受到过度刺激的表现，这时的她需要父母来帮助自己平静下来。

在某种意义上，亲密的脑间联结，可以说是父母最佳的自我调节教育工具。我们可以有意识地使用它，帮助孩子快乐地度过一天的学习和生活中的跌宕起伏，慢慢学会自我调节。这种共同的体验和亲密的感情不仅丰富了亲子关系，也提高了孩子建立良好社会关系的能力，还会让孩子在社会交往中体会到学会自我调节的收获。

联结可以使我们静心、欣慰和满足

在斯坦利·格林斯潘（Stanley Greenspan）的指导下接受训练时，我第一次认识到了脑间联结的力量。他给我看了一个他自己录制的视频，录的是一对夫妻和他们患有自闭症的四岁女儿。在录像的开头，小女孩漫无目的地四处走动，无视她的父母和周围的环境。她无意识地拿起一个玩具，玩了一会儿，然后将其丢弃，又换另一个玩具。格林斯潘说，那时候他很想制造一些互动，然而这个小女孩的母亲给出的回应是一种灵长类动物学家所说的

"害怕的笑"，这是一种焦虑情绪的表达，而不是高兴的笑。

这时，格林斯潘关闭视频，让我来揣测这个孩子的发展水平，她的生活前景可能会是怎样的。我发现观看这段录像很不舒心，这位母亲渴望与她的孩子沟通，可是又完全做不到。而孩子的父亲坐在远处的沙发上，对此也毫不在意。当我看到这段视频时，我感到整个过程气氛是难以形容的黯淡。我在回答格林斯潘的问题时，心情感到很悲观。之后一些年，我也让自己的学生多次进行同样的观察，问他们同样的问题，他们也都是对此感到悲观。

格林斯潘继续播放视频，看完后我完全惊呆了。因为他通过帮助家长调整自己的行为，几乎瞬间就改变了整个情景。父母需要放慢速度，用柔和的语音语调讲话，调整手势，耐心等待孩子的回应。随着父母的行为改变，这个孩子也有了很大的变化，她开始意识到父母的存在，也完全被父母的话语和举止迷住了。她在和父母玩躲猫猫的游戏中很快乐，并且开始说话。视频最后的场景是最感人的。这时，母亲和孩子都感到有些疲惫了，她们在休息的时候拥抱并亲吻对方。这是多么温馨的时刻，现在每次看到这个场面还会让我感动地流泪。

母女互动形式的改变显示出了脑间联结的力量。处于断开状态的两个大脑，突然进入彼此同步的状态、体会彼此的快乐、彼此安慰，这些都存在于这种联结中。这不仅仅是一种联结，还体现了爱的依恋。突然间，我明白了，这么多年我研究的科学意味着什么。科学很难对脑间联结的现象做出完整的解释，但格林斯潘的研究，以及我们在学院和其他人的研究，都记录了它的各个方面，突出体现了脑间联结在进行自我调节中的重要作用。

使用视频进行"微观分析"，科学家已经证明，当母亲向婴儿露出一个大大的、充满爱的笑容时，这会为孩子带去愉悦感，并使他精神更好。婴儿会很快地向母亲发出灿烂的笑容，这样一来，双方就会处在一个"高唤醒的共生状态"。每一方的喜悦对双方来讲都是令人振奋的。

有时会是相反的情况。这个时代最引人注目的心理学实验之一——发展心理学家艾德·特罗尼克（Ed Tronick）研究了母亲的面部表情会影响婴儿的情绪。在实验开始的时候，妈妈和婴儿一起玩几分钟，这样婴儿处于一种愉悦的唤醒状态。然后实验者会让妈妈转过头，随后带着没有任何感情和茫然的眼神转回头来，保持几分钟。

实验中的婴儿是 8 个月大，他们在这个年龄有很好的沟通能力，但还不会说话。在每对母婴组合中，婴儿对母亲"僵硬的面部表情"最初都以同样的方式回应：他们尝试拼命地给妈妈可爱的笑容，并打各种手势，希望唤起妈妈的注意。但当妈妈仍然无动于衷时，婴儿就变得忧虑，情绪也会越来越激动。

这些科学发现告诉我们，为什么脑间联结在我们的生活中起到如此大的作用。为什么我们对彼此的需要是如此强烈，这种需求不是简单的感情需求，而是神经生物学意义上的需求。为什么当我们的孩子神情沮丧，父母也会有如此清晰的沮丧感觉呢？为什么我们在产生情感共鸣时体验到的快感是如此独特呢？因为我们的大脑在这时会做出反应，婴儿也是如此，伴随着一种"感觉良好"的神经荷尔蒙的产生，这是生命中独特的情景。当我们与婴儿产生情感连接时，我们就会感到满足。脑间联结的工作不只是为了满足婴儿的最深层次的需求，也是为了满足我们自己的需求。

脑间联结不像脐带一样，婴儿在呱呱落地之后对此不再需要，只要父母与婴儿之间关系是安全的，脑间联结就永远是他们之间一个亲密和持久的纽带，它可以提供安慰、鼓励，还可以起到减轻压力的镇静作用。脑间联结永远是亲子关系的特质，在许多方面也是与其他人建立密切关系的基石。

在艾德·特罗尼克的"无表情面孔"实验中，母亲最初对婴儿笑和手势的漠视，预示了母子交往的彻底崩溃。有些婴儿会变得孤僻和冷漠，还有些婴儿会变得愤怒和具有攻击性。当母亲重新关注婴儿的表情时,婴儿很快又恢复到之前的状态。如果他们不这样做,这可能标志着在婴儿身上出现了一个更深层的问题。

社会参与不只是一种简单的应对策略,也不仅仅是我们的自我抚慰反射中的一种。我们天生需要从彼此那里获取能量,并通过彼此恢复能量。我们不只是一个社会的物种,就像有蹄类动物那样在一起进食。我们是社会人,除了分享我们狩猎和采集到的战利品之外,我们还通过表情、触觉、谈话、令人舒服的声音,维持和保护与对方的关系。

没有经历过这样的养育过程的婴儿会遇到各种问题:饮食、睡眠,而且还会有身体和心理发展缓慢的现象,或者运动和沟通能力发展迟缓,甚至会有心血管或自身免疫性疾病。这样的婴儿处于高度戒备状态,这意味着他在不断地释放肾上腺素和皮质醇。在这种不断的压力作用下,他的神经系统一直在对压力做出反应,并且进行能量恢复,这些会带来细胞层面上的细微变化,这种变化会早早地破坏婴儿的健康,影响自身适应力,或对婴儿的一生产生负面影响。

自我调节可以帮助婴儿、儿童和青少年心态变得平静,防止他们消耗能量的速度超过恢复能量的速度。当能量耗竭时,爬虫脑的反应是停止能量消耗或进一步耗竭能量储备。这就是为什么脑间对于儿童和青少年的幸福如此至关重要的原因。大自然对于成年人的馈赠,就是我们成人拥有更先进的大脑来安抚爬虫脑,直到儿童或青少年可以进行自我调节。

什么会干扰脑间联结

许多因素可以对脑间联结的顺利运作造成干扰。例如,在与孩子进行心与心的"交谈"时，生病很有可能会阻碍父母应对孩子的反应的能力。在一对一的交流方式中，不在身边也会限制建立情感连接的机会。

父母压力过大同样会影响或干涉脑间联结对调节的控制。在我的诊所里，当我和其他家庭交流时，发现自我控制的固执理念是父母产生压力的最大来源之一。到我们这里来的相当多的父母担心，过多屈服于孩子的哭喊，可能会破坏孩子后来的自我控制能力，甚至有父母感到孩子哭喊的时候是故意的。很显然，我们对孩子行为不满意的时候是很有压力的。

我们关注脑间联结是想找到方法帮助孩子增强自身调节压力的能力，而不是教孩子进行自我控制或者怎么进行社会交往。不同文化对"自我控制"的行为要求标准不同，不同文化中的父母期望孩子在各自文化中合适的时候和场合进行自我控制，因此，"自我控制"更倾向于是一个社会概念。孩子需要有行为规范，缺乏规范本身就是压力源，并会导致自我调节出现问题。自我控制很明显是健全的社会功能的一个关键方面，但它与自我调节并不是一回事。

生理基础在自我调节和对脑间联结的理解中起着关键作用。这么说的原因是，很多时候对于很少有机会与我们解释内心压力的幼儿和孩子来说，这种亲近的交流产生压力的原因多是出于生理因素。母亲赞美的眼神，或者一个拥抱或者抚摸，通常都会给孩子带来温馨的感觉，但是对于高度敏感的幼儿和孩子来讲，这些动作却可能会让他们难以承受。另外，若幼儿没有过度敏感现象，但缺少睡眠，或感到饥饿或因为其他活动而筋疲力尽，都有可能不太愿意接受或回应父母想要沟通的努力。

父母自然会对这些困难有很深的印象。自我调节中一个关键的部分是，学习在这种情况下怎样放下指责的态度和内心的痛苦。父母应该作为一位客观的旁观者，观察婴儿的需求和自己的需求。我们越理解导致孩子消耗精力的因素，我们就越能调整与孩子的互动方式来减少孩子的压力。自我调节会帮助父母这么做，进而加强父母和孩子之间的良好关系。

亲子关系可以创造通道，安抚孩子和培养自我调节

我们和孩子之间的关系是交流环境，在这个环境中我们共同改变和成长。这是今天对儿童发展的科学研究的基础。神经影像学和复杂的心理生理学技术，以及对儿童和父母交流的实时研究，极大地推动了我们对于这种关系的独特力量的理解。对于自我调节最重要的是，我们现在知道这是一个核心事实：孩子是通过被调节，来习得自我调节能力的。调节孩子绝不是控制孩子。这个过程涉及调节孩子的唤醒状态，直到孩子学会自我调节。这包括你哄孩子的时候摇晃他，给孩子唱歌帮助他睡觉，以及在他醒着的时候和他一起玩游戏。

在我做关于这个问题的演讲时，其中一位听众是汽车修理工，他课后问我："这是否就是说，孩子的行为会显示他体内发动机的状态？"我很喜欢这个比喻，并且在之后我和父母、老师以及孩子交流的时候都在使用这个比喻。大家也都明白这个说法。这个比喻帮助我们认识到：孩子淘气的行为，显示了他或她体内发动机温度过高。一位长期焦躁的婴儿、一个不容易安静下来的孩子或者一个经常焦虑的青少年，都表示他们自身的发动机运转过度。除此之外还有其他迹象，比如说他们的注意力有问题、学习习惯不好、对外界反应过激、容易生气、行为带有攻击性或者不擅长社会交往。不同的人之间千差万别，这是我们人类这个物种最显著的特点，我们首先需要学习如何识别孩子引擎的运行状态，这样才能够评估我们的方法对于这时的孩子是否有用。

那么体内发动机又是怎么运作的呢？

第4章

猴面包树下
自我调节的五大领域模型

乔乔刚过五岁生日，在幼儿园也才仅仅一个月，他妈妈就接到了幼儿园的电话，得知他又一次被园长叫到了办公室。这又是相当糟糕的一天。妈妈来到办公室时，发现他痛苦地坐在那里，满眼泪花，显得很着急。

他的教师解释说，他在观看学校乐队演出时一直很心烦、不停地抱怨，在演出之后冲向教室的路上还绊倒了同学，之后拒绝参加任何形式的班级活动。午饭时他不愿意吃自己的，相反，他抢吃别的孩子的饭菜，好像这是一种游戏。后来，当教师要求同学们穿上外套出去玩的时候，他又是不愿意，抵抗情绪很大。他撞到桌子后号啕大哭。教师找他谈话，他却转过头不听。所以，教师不得已送他到园长这里。类似这种事情经常发生。

　　不久之后，我在学校里见到了他。我从没有见到过如此容易受到惊吓的孩子。若有人在走廊里打个喷嚏，他都会很害怕。他的这种敏感让我想起了我的一只宠物猫。他的母亲告诉我他一直是这样，对声音的敏感度比其他孩子都高。母亲曾经带他去参加生日聚会，她不得不拉住他，因为他总是要求离开。他就是这样一个男孩，非常喜欢安静。她本以为幼儿园会给他带来快乐，但是每天早上乔乔总是惧怕去上幼儿园。她也害怕送他，因为她知道这会让他很痛苦。

　　对于乔乔来说，不仅仅是过于敏感的听觉，身体内部的感觉也让他害怕。心脏的跳动就是一例。他发现他很难去应对某些情绪，比如生气、伤心的时候，必须立即发泄，完全没有调节的过程。社会交往和外界的要求使他惊慌失措，所以最先应该识别的是所有令他感到有压力的东西。

　　若列出所有令他感到有压力的因素，然后逐个击破，看似是不可能的。对于乔乔和所有的孩子来说，自我调节的困难涉及一种乘数效应，即一种压力源（例如噪声）使他对其他压力源更加敏感。如果把他放进一个拥挤的屋子，他就会变得对声音和光线异常敏感。随后他就会感到沮丧，痛觉阈限就会很低，一点轻微的撞击就会让他号啕大哭。回到教室后，接二连三的导火索刺激到他，很快就击垮了他。这种乘数效应会影响我们每个人，但对孩子来说，其影响尤其显著，因为他们的人生体验还很少，未经受过太多刺激。

　　我们研究小组曾经在大范围的学校内进行自我调节的调查。开始的时候，我们非常惊奇地发现，有那么多的学生都有与压力相关的问题。我并不是说我们发现许多的孩子都表现出了临床症状，即便健康相关的统计结果发现的确存在这个趋势，而是想说，他们在生活中承受了过多的压力。孩子在很小的时候就已经表现出压力过多而身心疲惫和焦虑，这在很大程度上不利于他面对和处理以后会遇到的更多问题。

这种情况太多了，例如临近的数学考试、生气的教师、朋友的争执，等等。他们的边缘系统处在高度觉醒状态，做着它们的本职工作于是警报拉响了。事实上，这样的警报，一波一波，随处可见。压力持续增加，产生了恶性循环，他们的体力就会持续消耗。

现在的学校和运动项目中的竞争越来越激烈，社会媒体让友谊和社交变得更加复杂，许多休息和恢复体能的机会，比如说户外活动和真正意义上的休闲时光，已经从孩子们的生活中消失了。各种压力之间又互相影响，我们不能仅寻找其中一种压力因素，就像拔除一根木刺一样，我们首先应该解开孩子所陷的这张压力网。

<h2 style="text-align:center">压力和自我调节的五大领域</h2>

压力源种类很多，但大多数可以分为五个基本类别或领域。一旦你知道了一种压力的类别，你就可以开始专注于处理孩子周围的这种压力。你能借此更深入地识别具体的压力源及其来源，也能找到特定的方法，来减轻压力并帮助孩子学会自我调节。

因为自我调节涉及多种维度，它是一种动态系统，这意味着系统中某一部分的改变会影响其他部分，使它们更稳定或更不稳定。这五大领域互相影响，从而形成了一个无缝对接的整体。同时，每个领域又都是独立的系统，在这个体系中，能量和压力在不断地互相作用。

生物域

生物域包括消耗并储存能量的各种生理过程和神经系统。能量的消耗和恢复要看个人体质的不同，也和所处的情景有关。情结有生物学的成分，可以调动生物化学物质产生生化反应，使我们振奋或消耗我们的体能，尤其是强烈的情绪，包括积极的和消极的情绪。

生物域的压力来源很多，包括：营养缺失、睡眠不足或缺少锻炼，运动和感觉运动协调方面的困难（比如孩子必须手扶栏杆才可以走上楼梯），听觉（噪声）、视觉、触觉、嗅觉，以及其他形式的刺激，如污染、过敏源、极高或极低的温度，等等。

受到生物域压力的表现可能会包括：体能不足／无精打采或亢奋，不易从动态转换到静态，慢性的胃疼或头疼，对声音或噪声过于敏感（包括你或者教师说话声音的大小和音高），不愿坐硬板凳或者不能安静地坐着待几分钟，在做出精细的动作时感到困难和笨拙（比如说握笔），或者对一些外界刺激或压力感到不堪重负，虽然这些刺激或压力对于大多数人来讲是很正常的。

很多孩子甚至不知道安静是什么，会把精力充沛和亢奋混淆。我们的任务就是帮助他们学习认识自己的身体状态：当安静、警觉或投入的时候身体感觉如何，或者什么时候他们进入了能量不足或高度紧张的状态，以及他们怎么样才能让自己感觉更好。

情绪域

情绪在我们生活中的影响是如此巨大。尤其是孩子，从开始理解情绪到后来调节强烈的情绪（包括积极和消极的情绪），到学习当情绪过于强烈的时候怎么办，以及学习怎样用语言有效地表达自己的情绪，孩子们都是从零开始的。不仅如此，紧密的神经连接会使情绪影响到身体感觉的强度，例如疼痛，这会使孩子对一切生物域压力变得敏感或者不敏感。在不同先天气质的影响下，孩子会在下雨天感到失落，或者在看到小水坑时会感到兴高采烈。

情绪压力包括紧张、陌生、困惑或者情感的纠结。高强度的消极情绪对于自我调节来讲是很大的挑战，会消耗我们很多体能，包括孩子和大人。积极情绪通常让我们精力充沛，但有时积极情绪也会让人不堪重负。父母的任务就是要帮助孩子分辨出何时自己或别人的情绪过度了，告诉他应该怎样摆脱情绪困扰，并逐步地平静下来。

认知域

认知压力主要指的是思考和学习，包括许多心理过程，比如记忆、专注、信息加工、推理、问题解决和自我意识。好的思考需要好的注意力。在认知域内，最优秀的自我调节意味着孩子可以忽视干扰、保持注意力并在必要时转移注意力、整理思绪、一次记住多种信息、制定和执行计划以实现目标。

认知压力指的是：对内、外刺激的觉察有限，或者孩子对视觉、听觉、触觉等感觉信息的认知感到困难；孩子难以理解感觉信息主要是由于不能识别图形模式，或者让他处理问题时有太大的信息量和太多的步骤，或者信息展现得太快或者太慢，或者信息太过抽象、暗含了过多的潜在信息和超出他们常识的信息；除此之外，认知压力还包括需要孩子过长时间地集中关注某些事物。

受到认知压力的表现包括：注意力问题、学习困难、自我意识缺失、在任务转换和处理挫折方面有困难、动力不足等。通常，有认知压力的孩子往往在生物域和情绪域也同样有压力。如果我们能够意识到这一点，会有助于减少孩子的压力，帮助孩子获得更多的能量来处理认知任务。

社会域

社会域涉及是否有能力调节行为和思考方式来适应社会情境，包括社交智能和人际关系技巧、学习和使用社会接受的行为等。在社会域的自我调节方面做得很好的孩子，能够快速地理解社会规范和信息暗示，包括非语言的信息，比如面部表情或者音调高低，并会对此做出合理的回应。他懂得要和对方轮流讲话，可以弥补交流失败，并且理解情绪如何影响人们的行为。

社会压力包括：对社会环境感到困惑或者社会环境对自身的要求过高，人际交往产生冲突，受到别人的侵犯或目睹侵犯行为，因为不能理解自身的言行会对周围人产生的影响而导致的社交冲突，等等。当大多数的父母得知自己对孩子的社交生活与友谊的期望、看法或焦虑都会增加孩子的压力时，他们感到很惊讶。

受到社会压力的表现包括：难以建立或维持友谊，参与小组活动或讨论时感到困难，难以理解社交暗示，被社会排挤，遇事退缩，有侵犯行为或常恐吓他人，欺负别人或被别人欺负，等等。

亲社会域

亲社会域包括：共情、无私、重视内在标准和价值观、参与集体活动、具有社会责任感、先人后己或者顾全大局。如果孩子在这个领域自我调节很好，他就有能力在以自我为中心和以集体为中心之间顺利转换。他会和别人交往，理解他人传达的信息，识别他们的需求，并且在需要的时候控制自己的欲望转而考虑他人的感受和需要，意识到小组内的动力关系，具有合作、奉献、学习的精神，能够从集体环境（例如一个班级、一个俱乐部）中受益。

以上种种都可以显示孩子在亲社会域很成功。亲社会域还包括灵性、审美、人文和智力方面的发展。

亲社会域的压力源包括：不得不处理他人的强烈情绪，被要求优先考虑他人的需要，个人和同伴之间价值观的冲突，道德上的不确定性，或者内疚。亲社会域里，孩子需要应对的压力与日俱增。现在，问题不仅仅是压力对孩子自身的神经系统会产生影响，压力还对周围的人产生影响，甚至影响到孩子所在的整个团体，孩子需要帮助整个团体保持冷静地专注和投入，而不仅仅是他自己。

受到亲社会域的压力的表现，通常和我们在社会域中的很相似，通常是开始于共情的缺乏，在以团体为基础的社会情景下尤其明显，孩子在其中感到焦虑、被排挤或者感到孤立，受制于小组中占上风的孩子，被迫接受新观点，而这些观点与孩子自身道德或行为准则相悖。

平常问题行为中的压力表现

上文所述的五个领域代表了不同类别的潜在压力源。这里的关键点在于"潜在"两字。之所以称一种因素为压力，是由于它对我们的影响和我们对其的反应，这可能是我们的常规的行为模式，也有可能我们需要依据其他因素做出改变。总体来看这五种领域，能量耗竭或者高度紧张状态的行为表征包括：易怒、注意力缺乏、退缩、狂躁、焦躁不安、侵犯他人，或者喜怒无常。有时候，孩子的压力明显是来自于其中一个领域，一旦你识别出压力源，一切就会豁然开朗。在这种拼图游戏式的分析过程中，第一块图片总是隐藏在很琐碎的小事之中。达达家就是一个很好的例子。

达达和晚餐灾难

对于达达的父母来讲，感恩节晚餐就像是压力爆发的导火索。奶奶已经坐在饭桌前，大家都落座准备吃饭。这时，15 岁的男孩达达，突然奔向自己的房间。他经常这样：从学校回家后就会直奔他的房间，然后拒绝和他们一起吃晚饭。父母即使把饭端给他，他也会一边吃一边黏在他的电脑旁。他们早已放弃了给他讲礼仪，讲他们的愿望是家人在一起吃饭，等等。

达达和他的父母打算来看看我们的诊疗团队是否可以帮助他们。尤尼斯·李是我们的心理健康医生，谈话开始后，他问他们昨天晚上都做了什么。他们曾去了一家饭店吃晚饭。当尤尼斯问他们都吃了什么时，达达回答说，他吃了一个汉堡包，但他希望吃牛排。尤尼斯问他为什么没有点牛排。

"因为这个。"达达做了一个用刀切下一块肉的动作。

"你的意思是没有点牛排是因为你不希望切肉？"

"嗯。"

"为什么切牛排会让你这么烦呢？"

"你知道，因为它碰盘子的声音。"

这时候尤尼斯好像明白了问题的原因。

"这就是为什么你逃离感恩节晚餐的原因，是吗？"

"对，就是这个原因。"

"这也是你总不愿意坐在饭桌旁边的理由吗？"

"有时候我也会坐在那里，只要妈妈做三明治或者其他可以手拿着吃的。"

达达或许有些"恐音"。他听到即使很普通的声音也会觉得痛苦，通常是餐具的声音，但也可能是很小的声音：咀嚼声、叹息声、喝水的声音。我们仍然不能完全从神经生物学方面解释这种现象。但有一点是清楚的，听觉过敏、生理和情绪的唤醒以及社会压力，它们和过去的经历相结合，就可以使很普通的声音听起来也有极端的压力。受到压力的反应是发怒、极其紧张，或者进入完全的"战或逃"的状态。

但是，为什么达达没有直接告诉父母是餐具的声音让他烦呢？当我们问他这个问题的时候，他说："我确实不止一遍地告诉过他们。"在他的心中，他已经告诉过他们了，尽管他从来也没有说过这样的话。孩子常常通过自己的身体和行动来告诉我们是什么给了他们压力。如果我们对此没有回应，他们就会竭尽所能地采取自己的方法对应压力。

当然，任何东西都有可能会带来压力，对儿童尤其麻烦的是，有些事情对他们产生压力，但是对旁边的成年人来讲却不是压力。大多时候，教师或教练认为，孩子的应激行为是不良行为，他们认为孩子似乎是在捣乱或者故意显得焦躁。

在压力下，孩子的行为变化往往会导致成年人认为孩子是在故意制造麻烦。有恐音症的成年人常常会被标记为神经质，因为对他们产生困扰的声音对周围人来说都不是问题。但是，孩子会被标记为"问题孩子"。我最大的担忧就是许多被贴上"违抗"的标签，仅仅是因为表现出自己真实的样子，而实际情况是，这只是一种防御行为。有的孩子会变得很倔强，有的孩子会哭，有的孩子会逃跑，还有的孩子会斥责别人。有时同样一个孩子会有上述所有表现。在这样的实例中，通常会有一个压力源，多数情况下，上述表现是多个压力源造成的。

故事的后记也是对人有启发的。这次会见后不久，我和妻子带着孩子去了同样的这家连锁餐厅。我的孩子们在乡下农村长大，他们发现难以承受餐厅的噪声，当时不但是他们，我们大家都想离开那里。我想到了达达。我不知道，他是如何做到在整个吃饭的过程中留在餐桌旁的。他吃早餐时并没有出现这样的问题，他并没有在所有的吃饭场景下都是那样的表现。虽然他对声音极度敏感，在某些情况下无法忍受，但在其他情况下却可以进行自我调节。如何解释这样的事情呢？

孩子调节问题的能力是由这五个领域中的一系列因素决定的。像达达那样的情况，也许他在谈话之前的那个晚上没有从餐厅逃走是因为进城是一次新鲜的旅程、餐厅很有趣，这提高了他的情绪状态。他当时的身体状态也不错，有可能也起到了一定的积极作用。那天前往多伦多来拜访我们，学校也给他放了假。也许这次旅行给了他离开那个让他身心耗竭、嘈杂的学校环境的机会，让他有了一些放松的感觉。

像达达的情况，我们的解决方法不是让他的父母把饭菜统统换成可以用手拿着吃的食物，而是要让他们认识到孩子处在怎样的压力下，以及这五种领域的压力源是怎样相互作用的。我们在进行自我调节时需要将其看作一整个系统，而不是仅仅找到最大的压力源。

同步或压力过大：
为什么五大领域 × 乘数效应 = 压力循环

在乔乔从学校乐队演出逃离的那个时刻，他的"战或逃"警觉反应在其他域也有同样的表现：他推倒了同学、跟教师叫板、当碰到桌子时对疼痛异常敏感，到最后他不堪重负，以至于发展到崩溃的阶段，他从大厅啜泣着一路到校长办公室。对达达来说，餐具的声音是逃跑反应的催化剂。顷刻间，所有不同领域的压力就开始互相撞击，加大了各个领域内压力的影响（见图 4-1）。

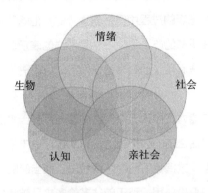

图 4-1 乘数效应：五大领域压力循环

我们开展家庭工作最有用的工具是这个压力循环的概念，正如后图所示。当孩子开始感到压力超负荷的时候，无论是五个领域中的哪一个，压力的大小都取决于孩子的能量和紧张程度，在压力上升时就会引发过度唤醒周期的加速运转，如果没有外部"制动系统"的帮助，这个周期的运转就会迅速失控。

任何一个域中的任何压力都可能引发一个压力循环，但是孩子在能量不足或处于高度紧张状态时是最脆弱的。压力循环一旦开始，就会带动其他域的连锁反应，这就意味着孩子的反应会变得更强烈，增加孩子唤醒反应的事情会成倍增多。自我调节最重要的是：

孩子越处在能量耗竭或者高度紧张的状态，就会感觉越难以应对某个领域（在有些情况中，是所有领域）。如果他感觉某一域对他来说更具挑战性，那么这个领域就会更多地耗尽他整体的能源储备。

当这种情况发生时，父母还能够保持沉着、冷静，并对此进行调节，起到"刹车"的作用，是非常不容易的。在这种紧张时刻，孩子的行为或意见可能触发父母的过度唤醒状态。这时，不只是孩子的五个域内的压力在互相作用，父母的压力和过度唤醒状态也会通过脑间联结传递给他。这就是为什么常常在孩子有压力的时候，我们试图帮助他们，最后却产生了冲突（见图 4-2）。

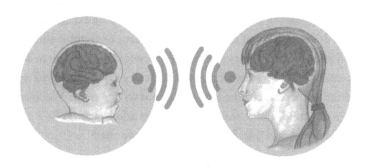

父母 – 孩子的沟通会加剧双方的过度唤醒状态

图 4-2　脑间联结的双向互动中的压力循环

如果父母和孩子都处在压力不断上升的循环中，脑间联结本身就会失去同步。它不再起到减少唤醒度的调节作用，反而开始扩大唤醒，致使能量枯竭，最后亲子双方会大喊、哭泣、威胁或指责对方（见图 4-3）。我们在临床实践的很多工作都涉及制定打破压力循环的策略。为打破一个过度唤醒循环，经常会有多个切入点，但第一步总是相同的：我们必须帮助孩子和我们自己重新回到能量和张力的平衡状态。现在的问题是，我们究竟如何做到这一点呢？

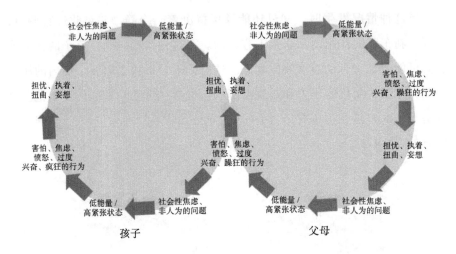

图 4-3 双向压力循环

到皮尔巴拉的旅行：猴面包树下

我在一次在澳大利亚的旅途中学到了关于打破压力循环的最重要的一课。当时，我在西澳大利亚的皮尔巴拉，和米歇尔·斯科特（Michelle Scott）一起工作，她是西澳的一名儿童事务专员，我去参观她所在的机构与这个地区的各种儿童组织的工作。皮尔巴拉拥有广袤的陆地、宽阔的印度洋海滩、险峻又美丽的岩层和峡谷。据说，第一批原住民入驻是在 40 000～50 000 年前，这种超凡的自然环境呈现出令人震惊的一面。

在大型晚宴的第一个晚上，我约好了斯坦，他是一位帮助陷入困境的青少年的原住民精神治疗者。第二天我们去了在罗伯恩小镇的一个学校。在这个社区，土著儿童虽然生活艰难却毫不气馁。这个小镇的人口不足 1000。

斯坦是一个体格健壮的男人，很有同情心、说话柔和、大约 60 岁。他聊了一会儿他与孩子们的工作，这些孩子大多曾经试图伤害自己或别人，或者正在与成瘾行为（通常是酒精或吸毒）做斗争。他问我是否想看看他的诊所。我们沿着哈丁河步行了 20 分钟，穿过一个自然的风景区，在景区内有各种各样的鸟，还有各种各样的野生动物。

该诊所根本算不上是一栋建筑。那只是一小块儿地，中间有一棵古老的猴面包树。树大约 20 英尺[⊖]高，但树径是巨大的：至少得有 10 个成年人手拉手才可以包围它。那个地方不只是偏远，而是有种人迹罕至的感觉，就好像我们是有史以来第一批踏上这片土地的人类。这里不安静，相反充满了很多笑翠鸟、苍鹭的叫声，然而，这却是我曾经见到过的最祥和的地方之一。

斯坦和我并肩坐在鲜花盛开的树下。我们都不说话，就这样沉醉在安宁中。一会儿，我发现自己在想从未试过的新方法，突然我就觉得神清气爽、清醒，并渴望把这些新出现的想法整理明白。在漫长的一天将要结束时有这样的感觉，这几乎是从来没有过的。当我对斯坦说到这种感觉的时候，他回答说，这正是他与不愿意交流或非常生气的青少年沟通时一样的做法。他只是耐心地等待，直到他们自己觉得想说。尽管有些孩子可能需要一整天的时间，可是最终，他们还是会开始交谈。他们俩会心平气和地谈论是什么困扰了这位青少年，并且探索合适的方式来调整他的生活。这棵树有 1500 多岁了，我不禁想知道曾有多少年轻人来过这里，沉迷于这个平静的地方，和这位或者其他智者谈心。

这是多棒的一个诊所啊！这又是多棒的一节课！当一个孩子处在痛苦中时，我们感觉到的几乎是一种反射性的需要：我们要把道理讲清楚。现在的

⊖　1 英尺＝30.48 厘米。

问题是，在孩子处于过度唤醒状态的时候，他用于推理的大脑系统就会不在状态。他确实不会关注你在说什么。我们最先要做的就是让这些系统恢复运作。每个孩子都需要像我们那样并肩坐在猴面包树下的经历。脑间联结的第一个也是最重要的功能，就是灌输给孩子安全有保障的感觉，以帮助孩子补充需要的能量。乔乔需要在学校感到平静，达达也在试图找寻他觉得平静和安全的地方。这就是在寻找打破压力循环的方法，无论是我们自己还是和孩子一起，也只有做到这一点，才可以开始做到自我调节。

第二部分

五大领域

有时候，孩子的压力明显是来自于其中一个领域，一旦你识别出压力源，一切就会豁然开朗。

第 5 章

生物域

吃、玩、睡

　　要进入生物域，就要从根本上改变你看孩子行为的角度，以及如何看待自己行为的方式！这是"自上而下"行为管理观点的转变。"自上而下"观点的持有者认为，家长是主要控制方，孩子就应该顺从。而自我调节的观念是"肩并肩"。后者的整体观念完全不同于我们以往总是想当然地试图去控制或遏制孩子的"问题"行为，我们应该停下来考虑他们的行为是否是唤醒不足或唤醒过度的表现，在这种情况下，要去识别和减轻造成这种状态的压力是什么。也就是说，父母和孩子之间的交流必须是双向的，就像父母和孩子之间的唤醒是共享的一样。陈莉和西西的故事是这方面的完美案例。

陈莉和西西

还记得这样的场景：陈莉强忍着泪水，告诉我她和十岁女儿之间的问题。女儿西西很不愿意听她讲道理，不管她对西西说什么，最后她俩都会以向对方大声喊叫结束谈话。西西会大发脾气并生闷气好几个小时，而原因似乎只是很小的事情，有时是比较重要的事情。但无论如何，只要有愤怒对峙就会使事情变得更糟。陈莉甚至一度试着给西西写封信，解释为什么这种争执让她如此担心。但后来她发现信被撕成碎片扔在了餐桌上。

西西和母亲吵到爆发的情景，对于很多有这种问题的家庭也很常见，其实都是关于一些小问题。"我打电话给她，她不来吃饭！"陈莉说，"她即便来了也不好好吃饭，也不会穿我拿出的衣服。"但是，最大的战斗总是发生在睡觉前，通常都是一些鸡毛蒜皮的小事情。就在几天前，西西曾尖叫着斥责陈莉清理过她的房间，还把她所有的东西都挪出去。可是，陈莉那天根本就没在西西的房间待过。

我问陈莉她是怎么回答的。她说："我告诉你，我是不会忍受你这样喊叫的。如果你不停止朝我喊叫，我就没收你的 iPad 一个星期。再往后，就是一个月！如果你再不停止喊叫，我就收回 iPad，拿到店里退掉！"我问陈莉是否第二天真的拿走了孩子的 iPad，她看着我不好意思地回答说："嗯，她表现好多了，然后我就没有拿走。"

陈莉并没有践行自己的诺言有问题吗？西西知道自己的妈妈食言就会变本加厉吗？空洞的语言威胁并没有改变西西的行为。无论再多的哄骗和恳求，似乎没有一种惩罚或奖励起到过作用。她们的关系还是没有丝毫好转。

自我调节提示我们要问的第一个问题是，这是否真的是一个纪律问题，即我们正在处理的是不良行为还是压力行为。这种区别绝对是至关重要的。

不良行为与压力行为

不良行为这个概念从根本上与主观意图、选择和觉察的概念有关。不良行为假设孩子自愿选择一种行为方式，他也可以不这么做，或许也知道不应该这么做。但压力行为是基于生理基础的，在这种情况下，孩子是不能刻意选择自己的行为的，或者不能清醒地意识到他的做事方法的。抨击别人（用语言或身体）、逃跑（感情上或身体上），这是因为他的神经系统受到威胁，进而转换到战或逃的状态了。

我们可以用些简单的方法处理不良行为。问问孩子为什么这样或那样做，只要他回答——无论他有什么理由——这都表明他有可能知道自己在做什么。我们也会碰到孩子面无表情的情况，这说明他自己也不知道这么做是错误的。压力行为有时很明显，我们可以很快辨识出：你看到孩子困惑、恐惧、愤怒或脸上有着深深的困扰，或者孩子转移眼神，都不敢看你一眼。这些往往都是压力行为和过度唤醒的迹象。

了解不良行为和压力行为之间的区别是非常重要的，因为如果你应对压力行为的措施是胡萝卜加大棒，你就会把事情弄得更糟糕，同时也会增加孩子的压力负荷。而且你也会错过帮助孩子养成自我觉察能力的重要机会，而这对自我调节非常重要。

运动衫事件：遏制与控制

似乎很明显，陈莉所描述的行为是压力行为。西西对于讲道理充耳不闻，事实上是非理性的，对她来讲不是战就是逃，那之后她很难记得在这些激烈的对抗中她曾说过或做过什么。陈莉需要减少女儿的唤醒度，着手发现孩子感到崩溃的原因，而不是找方法让孩子顺从。

我建议她，等下一次西西再有麻烦的时候，陈莉要避免做出任何纪律威胁，特别不要和西西讲道理，不要试图解释什么。相反，我认为从自我调节的基本理念开始，做几个深呼吸、放松颈部和肩部、关灯去床边坐着或躺在她身边、轻轻抚摸她的头发、手、前臂或背部。如果你想要说些什么，就只告诉她你有多爱她。第二天，当她冷静下来后，你可以说前一天晚上你想说的，无论是什么。

几天后，陈莉得到了尝试的机会。西西曾要买一件新的、就像所有她班上其他女孩都有的那样的红色运动衫。但当陈莉去商店后发现没有西西的尺码，所以陈莉买了一件可爱的灰色运动衫。当西西从学校回家后，陈莉拿给了她。但西西并没有说一个字。几个小时后，当她正准备上床睡觉时，她开始朝陈莉大喊大叫："你怎么能给我买一件灰色运动衫！这多难看！我永远不会穿它。你永远不会按照我说的做。我讨厌你！"

陈莉几乎要崩溃了。但是，这一次，她慢慢地做了一些深深的腹式呼吸，而不是再试图向西西解释为什么她得到的是灰色运动衫，或与她讲道理。陈莉轻轻地回答说，她们会在第二天再谈这个问题，以停止她们之间不断升级的愤怒。她离开了房间，平复了自己，然后去给西西掖被子。她躺在西西旁边，以她喜欢的方式揉她的背。几分钟之后，西西开始冷静下来。就在她迷迷糊糊睡着前，她抱着陈莉，喃喃地说："我爱你，妈妈。"第二天早上，当陈莉正准备告诉西西，她们会在放学后去另一家商店看看时，她竟然看到西西穿着灰色运动衫从楼上下来了。

抵消边缘系统共振的影响

在她们发生这个冲突的那个晚上，如果我们能够把陈莉和西西连接到脑部扫描机，我们就会惊奇地看到在大脑中有一个小小的组成部分，它处在前额叶皮层和边缘系统之间，即前扣带皮层，它从一侧（头侧）连接到前额叶皮层，从另一侧（腹侧）连接到边缘系统。当我们扫描高度唤醒儿童的大脑时，（腹侧）边缘系统就如同圣诞树一样光亮，而（头侧）前额叶皮层处，光线是相当暗的。这说明此时，边缘系统占主导地位，理性的前额叶皮层此时对孩子的行为影响很少。

这就是我们所看到的西西。我们会在陈莉的前扣带皮层中看到完全同样的情况。其原因就在于一种我们称之为边缘系统共振的现象。当别人的大脑边缘系统被唤醒时，无论是正面还是负面，我们的大脑边缘系统都会自然地给出某种程度的回应。这就是为什么笑会传染的原因，如果有人对我们愤怒地大喊，瞬间，我们也会很想马上喊回去。这也是为什么我们经常会看到，大街上的吵闹争执会由于双方愤怒的语言交流变得迅速升级。

边缘系统不关心潜在威胁是来自我们心爱的女儿或是其他人，只关心事情的本质。威胁就是威胁。对于陈莉，这种边缘系统反应引发了洪水般的负面情绪。除了普通意义上的生气，她觉得别人是在拒绝自己，对自己不欣赏、不被喜欢。

过去，陈莉在那种紧张的情景下对西西说的话做出的回应是环境所迫。现在她知道在这种时刻西西的前额叶皮层暂时搁浅了，西西很难清楚理性地说出自己的想法，用大脑来管理自己的言行。

通过首先平复自己，陈莉能够消除边缘系统共振的影响、让她自己的前额叶皮层恢复工作，并处于更好的状态来帮助西西。陈莉打破了控制她们脑间联结的压力循环。随着西西的边缘系统趋于平静，她不只是可以自然入睡，而且还可以体会到自己对母亲的爱，还会学习着表达出来。

随着边缘系统的平静，社会参与的能力会重新受到激发。西西不只是欣然接受，而且迫切需要陈莉的抚慰。在这种状态下，她的大脑边缘系统从原始的负面情绪状态转换到了她还是婴儿的时候、受着母亲保护的温馨回忆。所以她全身放松，后来就迷迷糊糊地睡着了。

陈莉已经感觉到对待西西的方式应该有些改变，特别是对于还有几年就到青春期的西西。她知道她做的适得其反。学习如何让女儿平静下来入睡，不是这个问题的答案，但它是一个开始。

生物域比起其他域而言尤其重要，因为对于父母来说，神经系统的内部工作看起来似乎令人望而生畏或遥不可及，所以自我调节的目的，就是帮助你一步一步地探索，这个过程和陈莉与西西所经历的过程是一样的。我们很少能立即发现孩子当时的压力，通常它需要一种称之为"假设 – 检验"的环节，这个方法和孩子刚刚出生时，我们曾作为父母采取的试错的方法相似，现在我们对孩子进行的自我调节方面的探索也是这样的工作。

第一步：识别迹象，重新定义行为

当陈莉和我在运动衫事件后，重新回顾她怎么做到的时候，她承认，当西西朝她大喊时，她是如此按捺不住自己要喊的冲动。这个过程非常艰难。陈莉原以为她需要的是一种新技能，是在那样的情况下能让她如何控制孩子的行为，但她真正需要的是能够识别迹象和重新定义行为的能力。

西西的行为是对痛苦的纯粹的、未经过滤的、右脑的表达。陈莉能使西西这么快冷静下来，是因为她也是使用右脑进行的沟通。通过调暗灯光、柔化嗓音、抚摸女儿的头发、轻揉女儿的背部，陈莉将信息发送到西西用于沟通的大脑部位：这部分大脑直接连着参与情绪唤醒的神经系统。

陈莉不仅重新建立了从她到西西的沟通渠道，也包括从西西到自己的。这在很大程度上解释了为什么自我调节是"肩并肩"或"双向"的原因，现在陈莉的右脑可以完全收到西西的右脑发送的信息："我很害怕、好痛，我不知道如何阻止这一切。"现在，陈莉传回给女儿的信息是："我在这里，我会保护你，我爱你。"

当陈莉开始进行自我调节时，体验到的不仅是"认知的转变"，不仅是要审时度势并得出结论：她是在应对"压力行为"，而不是"不良行为"的问题，进而调整自己作为父母的反应。这是利用在边缘系统和边缘系统产生冲突的时候右脑中受到阻碍的信息。开始的时候，你甚至都不能从孩子的行为中推断出他很难过。在边缘系统过度唤醒时被关闭的一长串功能中，就包含这种细微的体验个的觉察，实际上，它通常是最先被关闭的。

但肯定也有"认知转变"：陈莉在她十岁女儿身上看到的行为，还是唤醒的问题。当西西是一个婴儿的时候，这个问题就表现出来了。陈莉解释说，当西西三周大的时候，每天晚上六点钟她就会变得很烦躁，这种状态会维持两个小时以上。这一切都很有规律，陈莉发现都可以用来校准手表。西西十岁时的睡前表现神似她婴儿时的烦躁行为。

西西的唤醒调节问题从婴儿期就一直存在，只是我们一直认为西西在十岁的时候是不听话的或有不良行为的问题。我们知道孩子在婴儿时期也不愿意这样，可是她的行为是不可控制的，不是自己故意的。但随着孩子长大，我们往往会变得无法容忍这些行为。孩子可以因为很多累了以外的理由变得"烦躁"。这就是为什么我们和婴儿在一起的时候，会确保他们没有尿湿、很舒适、不饿、没有受到惊吓。在婴儿西西的例子中，我们开始考虑孩子的感觉问题。在我与大多数儿童沟通的时候，我看到越来越多的儿童和青少年都有感觉问题，只是往往被忽视了。他们不是"敏感"，而是各种刺激使他们身心疲惫，这些刺激包括光线、声音、嗅觉和触觉。

西西还是婴儿的时候，对噪声、气味和粗糙的材质尤其敏感。虽然现在十岁了，父母任何时候带她到餐馆，西西都会抗议，抱怨噪音和气味。另外她是出了名的在意穿着，尤其对衣料织物的手感特别挑剔。

学习了自我调节，陈莉有了一个新方法来了解西西身体的不适和敏感，可以辨识西西是否由于压力过大而处于崩溃的边缘。对于陈莉，在重新定义西西行为的过程中最关键的一点，是她要认识到这个问题并非是突然爆发的。

我们知道孩子会对一些触觉过于敏感，包括衬衫不舒适、自己的袜子里面有缝、吊扇的嗡嗡声或时钟的嘀嗒声。另一方面，有些孩子（敏感度不够）对感官触觉不敏感：无论是正发生在他们身边的事情，还是他们自己身体内部的感觉。年幼的孩子通常不会感觉到自身的内部信息，而这些信息能告诉他们身体正处于低能量状态，他们需要午睡、加件针织衫，或者吃一顿饭。但是，我们也看到很多年龄较大的孩子和青少年仍然不知道什么时候会着凉、劳累，甚至是饿了。

陈莉的情况并非罕见。孩子的生物学线索早在出生时就可以识别了，但这些线索很容易被误读，孩子会被贴上"问题儿童"的标签，而不是过程唤醒。对于很多家长，他们几年后才认识到在他们的孩子还是婴儿或幼儿的时候，就早已有迹象显示他们在唤醒调节方面需要改进。如果父母能发现一种新的方式来理解行为、重新定义行为，他们就会发现问题其实并不复杂。所以我们认为：自我调节可以为很多大点的孩子的父母提供一个新的尝试机会。

但是，如果孩子还小，那么你越快学会阅读孩子的行为表现和重新定义他的行为，并使用自我调节的步骤来指导你的回应，孩子就会越早开始参与这个过程，并最终学会自我调节；在许多情况下，事情总是比你想象的要快。

第二步：寻找压力源

识别压力源：寻找模式和源头

根据沃尔特·布拉德福德·坎农（Walter Bradford Cannon）早在 20 世纪提出的科学界的经典概念，压力是破坏任何"平衡"的原因，而平衡可以在满足内部需求的同时保证有机体能够应对外部挑战，如生长、繁殖、免疫系统和组织修复。在生物域，太热或太冷都是压力源。大声喧哗、明亮的灯光、拥挤的人群、强烈的气味、新奇的景象和声音、某些种类的动作，或者不能够执行某些动作，都会是压力源。构成压力源的原因，对每个孩子来说都是不同的。

"敏感的照料"意味着识别婴儿压力过大的迹象，主要是通过试错来学习什么具有镇静的作用，什么具有相反的作用。我的儿子刚出生的时候，妻子和我急于尽一切可能来增强他早期的大脑发育。在婴儿用品店里，我们花了一个小时研究各种不同的婴儿挂饰，并根据包装选择了一个，包装上写着："本产品是根据神经科学家的理念制造，旨在最大限度地提供刺激作用，加快婴儿大脑的发育。"它有好多种类的几何模型，是用电池驱动电机工作的，这样装置可以在婴儿床上空慢慢地旋转。

我们刚安装好，儿子就明确表示，他很讨厌它。他侧过身，把头埋在被子里。我们立志要"刺激他崭露头角的大脑连接"，于是我们就把他翻过来，让他躺着。他这一次的回应是紧闭双眼。所以我们又去了婴儿商店，这次带回家一件更精致、更复杂的挂饰。它能发声，可以移动，能发光，并且具有不同的速度。我们相信这款装置一定会有"最适合我们孩子的大脑发育"那一档的速度。

这一次，我们从可怜的宝贝儿子那里得到的是完全的抗议声。很显然，婴儿对这一切的刺激难以忍受。值得庆幸的是，我们终于决定放弃了。我们把这个挂饰塞进壁橱里，为了引起他的兴趣，我使出了做鬼脸这一经典的哄孩子方法，我怀疑这是最经得起时间考验的方法，就像有魔力一样有效。

我女儿三岁的时候，那两个婴儿挂饰早就被搁置在玩具柜里，尘封起来了。于是，我决定做个实验，把这两个东西拿到她面前，看她是否和当年我儿子有同样的反应。结果发现，她对这些挂饰很感兴趣，高兴得咯儿咯儿地笑，喜欢各种颜色和声音，注视了一会儿，就会很满意地安静几分钟。看来给一个孩子带来压力的东西对另一个孩子来讲或许是有镇静作用的。

当孩子的行为方式令人不安甚至是惹我们烦的时候，我们要问：什么是引发这种行为的压力源？以我们的婴儿挂饰为例，儿子的反应可以明确地告诉我们压力源是什么。在陈莉和西西的情况中，西西似乎只是担心其他的孩子会取笑她穿灰色运动衫。但如果这是唯一的原因，那么为什么第二天早上她又高兴地穿着它下楼呢？

自我调节的学习让我们想到了陈莉刚开始对孩子的观察：她发现西西几乎每天晚上都很焦躁，而且毫无理由。这说明每天她都有些过度唤醒。在这种状态下，我们会发现某些特定的压力源。但更深层次的问题是，为什么她变得过度唤醒。这很可能是因为她在学校里遭受了情感和社会压力，但是当我们进行自我调节的时候，我们总是从生物域开始来分析五个域。

要弄清楚这个问题，你不必成为一名神经科学家，但你必须要有一些识别压力的知识。如果你进入"严厉父母"的模式，那么你已经认定孩子是自我放纵或故意不听话了，所以你需要制定规则。你决心对孩子讲清楚，你不容忍这种行为，否则他就要接受你的教训。但是，当你怀疑你正在处理的是压力行为时，冷静和反思正是你所需要的。如果你想找出可能的压力是什么，可以采取以下步骤：第一，自己不要成为一个压力源；第二，寻找孩子的行为模式。

你有没有注意到你的孩子经常会变得烦躁，尤其是在玩电子游戏或是暴食含糖食品之后？孩子郊游或体操课结束回到家，他觉得高兴还是烦躁？或者，孩子是否会找到一万个理由，拒绝参加郊游或体操课？与某个特定的朋友待一段时间是让他感到高兴还是心烦，亢奋还是精神萎靡？我们甚至可以这样问：这些是让孩子唤醒度降低状态还是越来越烦躁呢？

对于西西来讲，最糟糕的时刻是睡前的时候，她会感到很崩溃，她的压力负荷来自于一天的压力累积。这也可能是一个迹象，表明她缺少某种神经激素，这种神经激素帮助大脑从高度唤醒到困倦的转换。现在，陈莉也开始考虑西西感到心烦的日子与其他日子比会有什么不同，并且开始尝试探寻：西西不感到崩溃的日子又有些什么不一样？陈莉也在思考她自己的反应是否有模式可循，是否有些日子，她不太耐心、更容易挑剔，对西西的行为比较敏感呢？

生物域对于大脑和身体来讲是能源中心，所以我们要监督检测能量消耗和能量恢复。如果能量不足，这就是一个生物域压力。孩子进行自我调节的最基本的要求是：他有足够的能量进行上调或下调唤醒状态去满足所有五个域的日常活动。基本的生物学因素是：

睡眠

营养和饮食习惯

运动和锻炼

身体知觉

健康状况或特殊要求

　　这些生物因素可以有助于增加能量和抗逆力，还有可能会帮助减轻压力。这些都可以帮助孩子进行自我调节。当然，若孩子在其中任何一个方面状态不好，这些生物因素也是最容易受到影响的。

　　下丘脑不仅仅是对一些令人吃惊的事情有反应，而且对疲劳也有反应，当这种情况发生时，孩子可能很快地就会处于五大领域中一直重复的压力循环里。对于西西来说，睡眠很明显从婴儿期就开始对她的行为产生了很大的影响。由于缺少睡眠，她全天都会为每一件小事而发脾气。她睡的越多，看起来就不那么烦躁，也更能够应对压力。这在十岁时也是如此。在西西感到崩溃的夜晚，无论是什么引发她发脾气，最根本的原因就是她缺少两三个小时的睡眠时间。这种睡眠不足会使她第二天更累、更脆弱。这样下去，那些夜晚很容易让她筋疲力尽，进入缺少睡眠—高度唤醒的循环，这样的循环一旦启动就很难被打破。

　　还有就是"恢复性睡眠"。对于梅梅——"小酒馆的婴儿"来说，确保孩子睡眠的时候处于低紧张状态和让孩子获得足够的睡眠一样重要。进入睡眠之前若受到光线的照射，尤其是蓝色光谱的光，会在很大程度上影响某些神经激素的释放，而本来这种激素会带给人放松的感觉。很明显，和现在很多父母一样，陈莉总是允许西西在睡觉前玩一会儿 iPad 再关灯睡觉，错误地以为这会帮助她放松、入睡。

第三步：减少压力

　　"减少压力"似乎相当简单。如果孩子对噪声敏感，你也许可以做到"调低音量"。也许在你家或者是在你能控制的其他场合可以这么做。但在学校，控制声音和其他压力因素并不是那么容易。在学校时，在感官压力方面，噪声是一个大问题。教室、食堂、体育馆和走廊里，无论分贝和回声都高得离谱。对于一个对噪声敏感的孩子来讲，这将影响孩子的专注力、行为和情绪状态，对神经系统也是很大的挑战。拥挤的公共环境、从操场到购物商场再到餐馆，都是如此。对我们大多数人而言，避免噪声是不现实的。

在学校里，帮助孩子降低感官灵敏度，可以使用耳塞、噪声阻隔耳机，还有用编钟或更换铃声来避开响亮的铃声和蜂鸣器。如果孩子对表面硬度敏感，或者只有运动才会舒服，那么换一种不同的座位或椅子就可以解决这个问题。在学校和家里布置一个看起来色彩不是很耀眼，或看起来不是很拥挤的环境，可以有效地降低视觉感官刺激。在一定程度上，你还可以在选择餐馆和其他出行目的地的时候考虑孩子的感官敏感度。

还有另一种方式可以明显地减少孩子的压力负荷。孩子对任何压力源的敏感度是可变的，并受总体压力水平的强度的影响。降低一种核心压力可以降低孩子在应对全部压力问题时的整体能源消耗，并且能够增强能源储备。例如，当西西休息充足时，她倒是能够处理不适和挫折，但当她感到疲惫时，压力就会铺天盖地，超过她的承受度。若孩子对一个事物感到困扰，然而一周之前，同样的事物，他们却可以愉快地与之相处，我们会倾向认为他们是善变的，或者是故意的，其实，这个时候真正改变他们的是核心压力强度与之前不同。

第四步：反思，发展自我觉察

自我调节的目的是：帮助孩子们学会识别低能量和高紧张状态，并且知道应该采取怎样的方法应对。为实现这一目标，孩子必须认识到他们是处于唤醒不足还是唤醒过度状态。但是前提是他们必须意识到平静到底是一种什么状态。如果孩子只知道"唤醒过度"状态，那么这就是他们的常态了。不幸的是，当孩子习惯了生活的"高速运转"，他们就会拒绝做任何形式的正念练习，而这种心智觉知练习可以帮助他们学习如何保持冷静。因此，我们必须确保他们可以从中得到享受。平静和享受平静是同一个硬币的两面。陈莉走进客厅，深深呼吸，这个动作会让她感到大脑"开关已调到另外一种状态"。神经学家将此称为"非线性转变"，在这个例子里就是在陈莉的内侧前额叶皮层触发了一个从顶部或"背"侧（dmPFC）到底部或"腹"侧（vmPFC）的转变。前者涉及的是，我们通过内部独白的方式进行沉思，后者指的是，我们对于内部或周围都发生了什么有了意识。

这种"此时此景、全心感受"的练习做得越多，这种"非线性转变"将会更容易发生，即顶部和底部两种系统之间的神经化学联系之前已经有了更深的痕迹，有意识地"按下开关"就会更容。这正是我们告诉孩子"冷静下来"时我们真正想要的。但是，要经过很多练习，孩子才可以真正做到这一点。如果孩子的唤醒基线水平设定得很高，那么父母的规劝几乎起不到任何积极的作用。

我们制定了一个五步法，可以帮助孩子掌握正念和专注力的技巧，并从中得到享受。

（1）解释你所做的如何促进自我调节。

（2）确保孩子舒适。

（3）帮助孩子专注于他们正在做的事情。

（4）帮助孩子意识到他的头脑和身体和外部活动之间有什么联系。

（5）从小事开始，建立日常的练习安排。

假如你想让孩子做呼吸练习。你需要根据孩子的年龄和注意力偏好调整你的讲故事的方式。首先，告诉他气体是怎样从他的鼻子到达肺部的，并告诉他肺部下方的肌肉可以帮助吸收新鲜空气，排出混浊空气；并告诉他，肺周围的肋骨是如何保护肺的，这些部位又是如何随着每个气息进行扩张和收缩的；还要解释当我们吸气的时候，我们如何感到拥有能量，会更加警醒，反之，当我们呼出空气的时候，为何会感到镇静。

要确保孩子处于舒服的状态。通常支撑孩子的背部是很有必要的，以便让他们在呼吸练习过程中感受到自己的呼吸。他们最好躺在地板上或在椅子上坐直，虽然处于放松状态，但在很多情况下这样练习的效果最好。

然后，帮助孩子专注于自己的呼吸：问他在吸气时是否能感觉到鼻子里清凉的气息，当他呼气的时候，能否感觉到口里温暖的气息，哈口气在手上是否能感觉到温暖？另外，他是否能感觉肺部或腹部像个气球一样充满了气体？

接着，帮他意识到专注于自己的呼吸对他的头脑的影响。假如他一直在担心什么，就让他专注他自身的呼气和吸气，也许十次之后，再询问他是否已经不再担心什么，是否担心这种感觉还会回来？看看通过让他关注呼吸这样的练习是否不再让他烦心，或者最终减轻或消除这种感觉。

你或许可以准备一个定时器，刚开始的时候设置短一些时间，后来可以设置长时间的练习。

自我觉察的学习对孩子的自我调节能力的培养起着核心作用。如果孩子对他自身的感觉没有觉察，那么他就无法改善它。这同样适用于我们成年人，为人父母的压力有时会使我们做出自我破坏的行为。

在我的孩子还小的时候，我们会定期带他们去一个小城市，那里离我们家一个半小时的车程。其中有一个"儿童主题"的比萨饼店，但这些活动总是以"灾难"结束。有时，他们一钻进车里，就开始为了一些无聊的事情争吵。有时在郊游结束时，这两个孩子就会脾气发作，他们会瞬间从过于激动过渡到绝对的噩梦时刻。

"高兴"与"过度唤醒"的区别和"难搞"与"过度唤醒"的区别一样关键。我们的孩子已经习惯了农村宁静的生活，自从他们走进餐厅的那一刻，他们和其他孩子一样变得很疯狂。随之而来的就是艰难地督促他们吃掉食物，努力地劝说他们离开混乱的游乐区。开车回家的路上对于我们来说更是一种惨烈的经历。我的妻子最后决定彻底取消这些户外活动，但就是后来她对我说的话，让我注意到了步骤四中那些最容易让我们忽视的方面。

她告诉我她多么讨厌这些郊游。我问她为什么，她立刻就列举了一连串的理由。她恨那个地方的一切：噪声和喧哗、不舒服的桌椅、恶劣的照明和强烈的气味。最重要的是，她讨厌孩子在那里的行为。她到那里瞬间就想离开，但她控制自己尽可能耐心地等待。当我问她，既然整个经历是这样的惨痛，她为何还要忍受这一切呢，她不解地看着我。最后，她说："嗯，你知道，因为他们在那里玩得很高兴。"但是，如果他们感到这么多乐趣，为什么这些郊游到最后总是以吵闹结束呢？

时刻记住家庭活动要让每个人受益，这是很重要的。在你的住所周围就有各种各样的平静和恢复的机会：手持水桶和铲子去一趟海滩，或带着垫子和一个飞盘去公园，或在森林里漫步、采花和收集树叶。事实上，就在你的家里也有各种各样的机会。比萨饼店的旅行后，老婆计划了"星期日比萨之夜"。每个星期我们都会做比萨饼。但是，真的让这个计划变得有趣的是，我们四个人会做四种不同的比萨饼，而不是一个。这样我们每个人都可以设计我们自己的比萨饼。这变成了一种比赛，我们每个星期都可以尝试，然后我们就会品尝对方的产品，给那个星期的"赢家"投票。这个游戏很有趣，比萨饼也很美味，我们四个人完全享受酒足饭饱之外的平静！

除了了解是什么原因导致孩子的行为，家长同样需要了解是什么样的活动使他们进入到能量过低或者高度紧张的状态。你需要意识到，你自身就像你的孩子一样，如果你处在一个低能量／高紧张的状态下，就更容易因为孩子一些不重要的言行发脾气。

第五步：找出你的孩子因为什么会感到平静

在自我调节中学到的最重要的区别之一，就是"安静"和"平静"之间的区别，而这也正是你的孩子未来要学会的。许多家长向我们咨询如何让他们的孩子在飞机或汽车之旅中保持平静，其实他们真正想要的是怎样让孩子安静。

电子游戏显然可以起到让孩子安静的效果：通常孩子在坐着玩游戏的时候很少说话。但是，没有人会认为这些游戏会带来平静：当你关闭游戏后，再看看孩子的反应。和药物的作用一样，仅仅抑制多动或冲动的药物并不能促进心态平静（除非父母会针对关闭电玩的行为和孩子单独进行沟通）。

平静与被一些电影或电子游戏催眠是完全不同的状态。当孩子平静时，他是放松的，他知道他的体内和他的周围都是什么情况，并且很喜欢这种状态。生理、认知和情感是"平静"的三个决定性因素。这也许是你和孩子在自我调节学习中的最具挑战性、但令人愉快的方面。因为对于寻找什么让孩子平静而言，没有适合一切情况的标准答案。需要注意的是：如果你的语言足够严厉，孩子或许也会安静下来，但是仅仅简单地命令一个孩子安静下来几乎是没有意义的。这个时候，如果你能使用大脑研究实验室经常使用的成像技术来研究孩子的大脑，结果会让你瞠目结舌。你会发现孩子虽然不活动也不说话，但是在他的大脑边缘系统、额叶和顶叶、丘脑以及其他在焦躁不安时会活跃的神经网络正在激烈地活动。而当孩子平静时，这些系统都会受到抑制。另外，这两个状态之间的脑电波也有显著的差异：孩子可以很安静，但有强烈的 β 波，这是唤醒的标志；但是，当一个孩子平静的时候，我们看到的是缓慢而有节奏的 α 、 θ 和 γ 波，这是深度放松的迹象。

带你进入放松状态的事物可能不会让你的孩子也放松。西西和她的母亲进行的自我调节练习对我们大家有启示作用。陈莉很早就是认真、专注的瑜伽练习者。她告诉我，她一周里最喜欢的那一刻，就是周日上午的艾扬格瑜伽课。陈莉很想让西西和她一起做瑜伽，尤其是在傍晚时分，因为这个时候她刚开始闹腾。通过大量的儿童案例分析，我们也发现瑜伽绝对是有效的方法。但西西讨厌它。她不喜欢任何本可以减轻压力的姿势，她感到扭来扭去难以忍受。

一些标准的减轻压力的方法可能用处不大。然而，西西是如此认真地寻找自己的压力源，并找到了解决问题的方法。西西发现制作珠宝盒子对她很有效果，她可以有兴趣地玩好几个小时，她会感到很平静，随后就会准备睡觉。但要记住，这只是自我调节五个步骤中的五分之一。至关重要的是，西西开始懂得平静是什么感觉，而不只是从字面意义上理解这个词的意思。

我们发现的最有趣的一件事情是：这五个步骤适用于所有年龄阶段的儿童。如果面对的是青少年，那你可能需要更多的耐心，他们处于过度醒状态的时间会更长。你可能会发现你的解释可能需要稍微详细一点，你可能需要尝试一点不同类型的"正念"练习，然后再找到一个合适的。但无论其形式如何，他们仍然需要这同样的五个步骤。

第 6 章

情绪域
阁楼的怪物

很多家长说孩子的情绪就像坐过山车，意思就是："使人困惑""令人兴奋""极具挑战性""令人沮丧""神秘""怪异"，最重要的是"可怕"。

为什么我们会感觉孩子的情绪如此吓人呢？另外，家长还有这样的感叹："我十岁孩子的行为就像一个两岁的孩子。""我的孩子心慌意乱的原因，他自己都无法解释。""我的孩子变得越来越愤怒或沮丧，作为父母，我们不知道怎么应对。"说起他们的儿子或女儿，他们也总是这样描述："他会变得非常激动，怎么都不能让他平静下来。""似乎从来就没热衷过什么。""总是不快乐。""就像一个弹球机，从一种情绪转到另一种。""总是没有他该有的感受。"一位疲惫的家长说："我孩子的情绪爆发就根本是莫名其妙的。"

这种困惑是可以理解的。通常，当孩子在情绪方面挣扎时，你知道，是因为他们表现出来了，但有时你根本没有丝毫的察觉和怀疑。即使你知道，可知道该怎么做又是另一回事。

父母最常见的做法是：与孩子谈论这件事情，让他们"说出来"，和他们解释生气只会让事情变得更糟，或者尝试建立孩子的自我价值感和自信。当孩子感到不开心时，父母的第一个想法，就是用一个理性的、解决问题的方法来直接处理这种情况。不幸的是，讲道理似乎对情绪激动、不堪重负的孩子没有太多帮助，告诉他们控制自己的情绪只会增加他们的压力负荷。更重要的是，告诉孩子"说出自己的感受"不是想象中那么简单，尤其是当他们受困于可怕的主观体验时。

可以肯定的是，这种做法可以帮助孩子表达他们的忧虑和其他感受。但是这总是很难为孩子，由于孩子处于过度唤醒状态而变得几乎不可能做到。这时，他们会感到自己的情绪全部混在一起，他们感觉不能单纯地用一个词来描绘，比如说，单单一个"愤怒"表达不了，而应该是"愤怒、害怕、羞愧和兴奋"才准确。我们需要帮助他们理顺不同的情绪（即所谓的"情绪区分"）。是的，我们需要帮助他们加深和拓宽他们体验到的情绪，帮助他们了解和表达自己的感觉是什么。我们有好多种方法提升孩子的"情绪素养"或"情商"。但必须要注意，我们不能单纯地认为孩子的情绪发展是一个纯粹的"左脑"现象，即某种我们可以"教"和"解释"的能力，或者可以通过让孩子读励志书籍或看励志影片来促进的一种能力。情绪方面的成长必须由孩子自己体验。孩子所感受的不只是一种主观感觉，要复杂得多，它是一种发自内心的体验，融合了心理和生理。

紧张、不安、疼痛以及它们所带来的其他身体感觉引发的情绪，或者由此产生的记忆和联想，都会触发大量神经化学物质，这些神经化学物质会塑造孩子的情绪体验和行为。同样重要的是紧张、不安、疼痛等身体感觉是如何引发情绪，由此引起回忆和联想的。生理和情感体验有着千丝万缕的联系：在我们着手培养孩子的"情感素养"或"情商"之前，我们需要从这里开始。自我调节扎根在生理和情绪因素相交之处：身体／情绪联结。

情绪：那些人类心灵的神秘元素是什么

哲学家谈情绪已有 2500 年的历史，但对于一些基本概念，他们仍不能达成一致意见。当面对哭泣、生闷气、烦躁、发脾气的孩子时，即使科学家、心理学家和精神病学家都参与调查，对于这些情绪也没有统一的解释。然而，无论怎样定义，情绪都对身体有强大的作用，反之亦然。一般情况下，积极的情绪增加能量，负面的情绪消耗能量。这是一个身体／情绪循环。儿童在得到充分休息的时候，更容易体验到积极情绪；精力不好的时候，更容易受到负面情绪控制。一个幸福的、有兴趣爱好的、乐观的孩子，会发现更容易面对学习和社会的挑战；而对一个受到惊吓、愤怒、忧郁的孩子来说，投入社交、学习，甚至只是无所事事度过一天，都十分困难。

"积极倾向"会让情绪成长有更大的空间，也会让孩子有更大的能力做到。

- 调整（上调或下调）强烈的情绪，无论是积极或消极的（兴奋、恐惧或愤怒）。
- 从失败、失望、有挑战性的情境、尴尬等困难中恢复过来，并继续积极自信地前进。
- 自己或与他人合作进行尝试和学习。
- 对个人努力和成就感到自豪，欣赏他人的努力和成就。
- 分享体验，理解他人的情绪，因此体验到更强的与父母的亲密感。

但是，我们需要的不仅是通过保持精力充沛来应对问题（包括情绪、认知和社会的问题），孩子需要积极的情绪，目的是探索更多具有挑战性的情绪和让人易动感情的情境。开始，他的积极情绪只局限于一些有限的种类（好奇、有趣、幸福），但这个基础使他可能获得更多复杂的情绪——变得雄心勃勃、自信、开朗、果断、诚实和富有同情心。负面情绪则会有相反的影响：它们会消耗那些本可用于探索新的情绪领域的能量。负面情绪也会"成长"：开始的长期恐惧或悲伤，可能迅速导致不合群或尴尬、愤愤不平或愤世嫉俗、意志消沉或有被排斥的感觉。

"消极倾向"使孩子很难从情感波动中恢复、应对困惑和挫折、维持温暖的人际关系。"积极倾向"可以使孩子更愿意面对性格成长中遇到的挑战和风险，孩子有"消极倾向"就会表现出麻木或专注力不强。"积极倾向"的孩子会体会他全部的情感联系，"消极倾向"的孩子会抑制自己的情绪，不仅仅是消极情绪。"积极倾向"的孩子会欣然接受新的情感体验，哪怕是"可怕的体验"，"消极倾向"的孩子会逃避新的情感体验，特别是"可怕的体验"，这包括可怕的情绪冒险，例如友情、爱情和任何一种亲密的情感。

"积极倾向"与"消极倾向"之间的不同也有助于解释棉花糖实验。负面情绪阻止了那些使孩子能够应对这个任务的积极情绪：相信自己可以延迟满足的自信心。很多时候，来自边缘系统的"脑子里的小声音"告诉他，他没有能力抵制棉花糖，那为何还要尝试呢？

自我调节可以帮助孩子由消极倾向转向积极倾向。也许有一些强大的生物因素使孩子偏向于"消极倾向"，但是自我调节使我们能够识别和减少相关的压力，增加能量，以满足消极状态的能量消耗。其中最重要的是，帮助我们的孩子成为这种改变的转换者。

情绪调节的二重奏：共鸣和不和谐

情绪调节在出生时就开始了，即使科学家也不是很清楚"真正"的情绪是否出现在婴儿时期。很多家长发誓，他们可以辨别出自己三周大的孩子什么时候是快乐的，但据科学证据而言，我们能够确定的只是在生命的最初几个月内，婴儿是在两种基本状态中摇摆：痛苦和满足。

3～6个月大小的婴儿开始有我们所说的真正的情绪。现在，他们用各种方式向我们展示他们感觉到了什么，笑容是快乐或其他积极情绪的明显标志，不同种类的哭表达了不同的消极情绪。一开始，他们感到恐惧、快乐、愤怒、兴趣、好奇、惊讶和悲伤。但他们无法控制其中任何一种情绪，所以心理学家将这些第一情绪描述为一种反射，是婴儿继承了他们遥远祖先的某些基因，而这些基因可以使我们人类生存下来。

"恐惧反射"可能有助于触发引起照料者注意的行为。"愉悦"会加强婴儿和照料者之间的关系。"愤怒"会告诉家长他们需要立即照顾自己的宝宝。"好奇心"会使婴儿紧盯着他的父母，听他们正在说什么，观察他们的动作。他探索环境，就是从探索父母的脸开始的。"惊奇"是让父母和婴儿玩"躲猫猫"游戏的重大动力，这对整合婴儿大脑的不同部分有很多益处。

从进化角度来看，这是非常有用的，但有时它也会导致我们误入歧途。如果我们把"原始情绪"作为"反射行为"对待，我们很可能又会回到之前提到的对"调节"和"控制"概念的混淆。如果这些情绪是反射行为，那么你就不能够改变他们，就像当某样东西在你的眼睛里时，你肯定会眨眼睛，这种反应不会改变。不眨眼的唯一方法只能是通过超强的意志。如果情绪也是反射，那么结论是一样的：如果孩子有"情绪失控"的问题，那一定是因为他没有做出足够大的努力。但是，有情绪问题的儿童并非没有努力，更多的时候，他们反而付出太多，就是为了试图掩盖某些情绪。

这里重要的是，这些反射是如何与情绪体验联系起来的，情绪体验推动着情绪调节的发展。在婴儿期，大自然赋予人类的情绪调节能力就已经清晰表现出来了，这与控制无关。父母不会这样应对婴儿的不安，比如对他施加控制或和他谈他的感觉——比如感到愤怒、饥饿或者压力过大时婴儿恐惧或受到惊吓的感觉。相反，父母通过让婴儿感到舒适来减少他的恐惧，通过放松的面部表情告诉婴儿没有什么可怕的。其他时候，他们通过自己闪闪发亮的眼睛、可爱的表情和声音，还有笑声，增加孩子的喜悦和好奇。这是"右脑与右脑"的沟通，对于婴儿调节自己情绪的能力的后续发展是至关重要的。

婴儿可能无法有意识地觉察到以上这些，但他们的直觉右脑天生对父母脸上、姿势和动作传递的情绪高度敏感，这些情绪信息都是通过脑间联结的双向直觉通道传送的。在你回应孩子的情绪时，你是在帮助他们建立身体／情绪联结。有些家长觉得孩子发脾气时自己很难保持冷静，他们很紧张，避免交流，即使有时候身体没有逃离，但也明显不在状态。年幼的孩子（即使是婴儿）也可能会把父母这种令他感到害怕的反应与自己发脾气的行为联系起来，所以他会在感到愤怒的时候试图去压制这种感觉，自己也变得紧张起来。相反，父母若对孩子感情充沛感到高兴，笑着拍手，就会让孩子发展出愉悦的、充满能量的联系。

在所有这些互动中，情绪与身体感觉密切绑定在一起，这也可以解释，为什么有些孩子身上的积极情绪那么少，或者消极情绪这么强。例如孩子的活泼好动可能会让家长不安，如果家长严肃起来，他们控制孩子，会让孩子感到紧张，这样一来，孩子右脑就会在欢快和紧张之间建立关联。之后，这种身体／情绪联结就会固定下来，而你完全不知道发生了什么。这也是为何在以后的日子中，孩子刚开始情绪高涨的时候会忽然消沉下来。当他长大后，这些感觉足以引发肾上腺素激增，甚至会造成他腹部、胸部或头部的疼痛。

这种联结也可以从反方向形成：身体感觉逐渐与不同的情绪关联起来。例如，如果婴儿饿了，而他的哭声没有得到人们的理睬，他的肌肉就会紧张起来，出现不适感，愤怒情绪就可能出现。如果大人对孩子首次生气的回应是打骂孩子或者冷眼旁观，那么孩子当时的身体感觉、对愤怒的糟糕感觉就会造成深深的无助感。随着孩子年龄的增长，同样的身体感觉（如肚子疼）就会自然地触发愤怒或绝望。家长这时会感觉一头雾水，完全不知道罪魁祸首是身体和情绪的根深蒂固的关联，也不明白孩子为什么刚才似乎还很高兴，现在怎么会有这么突然的变化。

我们对孩子情绪的回应方式能减弱或强化他们过去形式的联结，对待不同的婴儿，我们做到这些调节所需要的能量也千差万别。有一件事很清楚，相比起其他婴儿，有些婴儿很容易安慰或让他兴奋起来，这涉及各种各样的因素：遗传、环境、病毒或疝气等。但无论婴儿的体质如何不同，重要的一点对所有年龄的孩子都是相同的：积极情绪是"给水箱加水"，即增加了调节情绪的能量，所以你分享快乐是给孩子增加了快乐；消极情绪会吸干能量，所以当你缓和孩子负面情绪时——不是忽略或认为这些消极情绪无足轻重，而是帮助孩子度过这些情绪——你是在大大减少孩子神经系统的负载。

情绪调节的"3R"

标准的"情绪调节"定义，应该是"监控、评估和调整自己的情绪"。换言之，孩子需要认识到他们处于过度焦虑或愤怒状态，需要考虑他们的情绪是否适合当时的情况，如果不是，则能够使自己平静下来。每当我把这个定义读给下面的听众，询问他们的孩子是否可以很好完成这些不同的任务时，他们就会大笑。这些技能是我们都希望孩子掌握的，可是我们却发现把这些灌输给孩子又是那么难。

曾经听一位心理健康专家说，她所在的学校有大量的孩子有"外化"和"内化"障碍，他们的行为或情绪有问题。她用一个简化的"情绪词汇"图表来帮助他们确定自己的感受。教师会在一天内的不同时间打断孩子们的活动，并要求他们指出自己现在处在那张图表的哪个地方。这么做的目的是，通过让孩子关注自己的情绪，他们自然会更加了解和意识到他们何时焦虑或愤怒，并可能使用策略使自己冷静下来，例如深呼吸、数到十这样的策略。

她的方法就像许多已经广泛使用的社会情感学习方案和技术，聚焦于情商和情绪素养，但它也有相当多不足之处。很多时候，调节自己的情绪有困难的孩子所面临的挑战是，他不知道甚至否认自身的焦虑或愤怒。仅仅把心情状态摆出来是没有帮助的。对孩子来讲，这种方法很容易变得压力过大而让他感到心烦，而这会破坏学生和教师的关系。

最重要的是，特别是当孩子处于愤怒和心烦意乱等高度唤醒的状态中时，由于肾上腺素的激增，他的语言、理性分析、反思等左脑功能已经难以起作用了。也就是说，孩子的情绪越激烈，他监控、评估和调整情绪的能力就越差。孩子该做的第一件事就是恢复平静，这也应该是父母（或老师）的首要任务。帮助孩子冷静下来，不是试着强迫他去监控、评估和调整自己的感受。

在相当长的时间内，孩子需要我们去协助他们完成调节功能，在他们小的时候一直需要我们这样做。他们的情绪反应是突然的，感觉是毁灭性的。但是，即使他们以后成为青少年或者年轻的成年人，当他们情绪失控时，还会回来向我们寻求帮助。很自然，父母会感到可怕、困惑、有挑战性，令人沮丧的是，父母似乎也无法帮助孩子平静下来或高兴起来。孩子如此紧张或生气，以至于你说什么或做什么似乎都没有什么作用。出现这种情况，并不是因为孩子的"刹车机制"有缺陷，当然也不是因为他们"努力得还不够"，而是因为他们太激动、太亢奋，所以他们无法注意到自己或我们在说、在做什么。

劝诫再多也不会让孩子冷静下来。首先你需要安慰孩子，然后再尝试"教育"。我们帮助孩子学习如何监控、评估和调整自己的情绪之前，需要把重点放在情绪调节的"3R"原则上：识别（recognize）、减少（reduce）、恢复（restore），就是识别压力逐渐升高的迹象、减少压力、恢复能量。

情绪并非"都在脑袋里"

身体 / 情绪联结

能量恢复和增长的过程可以同样适用于解释我们的身体功能和情绪功能。事实上，生物域和情绪域的能量恢复和增长交织在一起，通常难以区分。孩子若没有得到足够的睡眠、合理的营养和运动，就没有足够的能量来保持健康、稳定的情绪。另一方面，孩子如果长期处于极端情绪困扰，就会持续燃烧能量，从而影响大脑和身体的运转，有些时候，情感透支会对身体的健康造成伤害。

西西卧室的改造：身体 / 情绪联结引发的崩溃

我们刚开始工作后不久，陈莉就汇报了她的最新挑战：西西的"卧室改造危机"。接连几天，西西每天下午都要重新布置她房间里的家具。但到了晚上，

她就会对着重新布置的家具掉眼泪。陈莉的担心是：这完全就要变成地地道道的强迫症了。陈莉说什么、做什么似乎都于事无补。其实，她的言行举止只是让事情变得更糟。

看来，西西的苦恼的确超出了一点多变的装饰喜好，但这也没有显示任何极端的强迫症迹象。其他的压力源可能是什么呢？与姐姐的竞争是她情绪生活的一个特征。作为妹妹，西西的卧室较小，这一点她频频抱怨。再加上她需要比姐姐早睡觉一小时，因此她很痛恨家里的规定，不允许她参与一家人在她睡觉后的"有趣活动"。西西认为作为最小的家庭成员很不容易，但这也不是一天两天了，怎么会突然情绪爆发了呢？为什么现在出现这种情况呢？

自我调节总是开始于生物域。当我问陈莉关于西西的睡眠、饮食、运动和健康状况时，她马上意识到压力是存在的。值得注意的是，西西刚从上一次流感中恢复。之前，她已经呕吐四个晚上了。这意味着她情绪爆发之前正处于一个相当虚弱的身体状态。她还有几天没去上学，以至于功课也落下了。她也没有和朋友联系，觉得跟不上朋友的步调。

我们必须时刻牢记身体／情绪联结：这是生物域和情绪域基本、核心的联结。很明显，西西的情绪压力是一个重要的因素，但不是唯一的因素。无论情绪紧张和能量耗竭是如何互相作用而引发她崩溃的，西西基本上都陷入了一个压力循环中。其中，她的身体和精神压力彼此影响、加强。在这样的情况下，身体紧张感会加剧心理焦虑（反之亦然），而这又会加剧紧张感，从而再次加剧焦虑，如此循环下去。不久，整个系统就会失控。

当孩子面对一个压倒性的情绪时，他们就会处于高度唤醒状态。自我调节能帮助你重新参与进去。首先，要降低孩子的唤醒度，先从减轻她的紧张感开始，做那些你在孩子还是婴儿时就做过的事。孩子的生理唤醒降低了，他的情绪唤醒度也会随之降低，这是打断了身体／情绪联结的结果。只有孩子整体的唤醒度下降，他才能开始加工父母非常希望告诉他的信息。

西西的出生顺序、卧室和上床时间都不会改变，但是和她理论这些事实，完全无助于让她冷静下来并入睡。这一刻，陈莉需要做的是完全忽略情绪问题，并专注于身体问题。

考虑到早期运动衫事件的经验，陈莉对西西的压力有了新的认识。西西感觉崩溃的时候，陈莉就会轻轻地拥抱她，不说话也不分析问题，仅仅抚摸她的头部、肩膀和背部。这一切只需要 15 分钟。我发现这里与以往最明显的不同是，接下来的几个晚上，西西都会问陈莉晚上是否还会给她按摩按摩。一两天后，她们终于谈到了她的卧室，竟然没有出现陈莉所担心的那么严重的问题，对于西西来讲，谈论卧室的感觉还没有身体不适感觉糟糕。

开始时，陈莉曾帮助西西学习如何集中精力，不是让她认识自己的情绪，而是让她越来越多地意识到她的身体感受。这有助于西西学会辨认她是否过于紧张，以及如何减少紧张；当她失去了身体感觉时如何重新找回感觉。在开始按摩时，陈莉会问西西，她的手臂是否感觉僵硬，就像未煮透的意大利面条那样。很快，对于她们两个来讲，就像在做游戏一样。西西告诉母亲，她一紧张，胳膊就会像"未煮透的面条"。当她们一起学习自我调节时，西西也可以进行自我帮助，她可以意识到身体和情绪之间的关系。随着西西学会了一些简单的自我调节方法，她已经可以感觉到自己的情绪状态了。

就如同西西的经历一样，3R 策略（识别压力逐渐升高的迹象、减少压力、恢复能量），很自然地从抚慰孩子的动作开始。当你和孩子都变得冷静，那么就可以一起着手找出压力的来源，并采取措施以减轻压力，确定哪些方法可以帮助孩子平静，以及他如何可以自己做到这一点。身体／情绪联结是我们所有人的切入点，对于西西来讲，这是帮助她学会调节情绪的一个重要因素。虽然这不是唯一的重要因素，但是它确实可以帮助她之后的情商培养，因为只有她的身体自我意识有了显著改善，她自身的情绪认识才会有大的进展。事实证明，西西的情绪调节确实开始于一种"监控"，但这是她对身体压力和紧张感的监控，而不是对情绪的监测。

促进（或抑制）情绪发展

生物域的自我调节可以总结为这样的过程：孩子转换到消耗能量的生理状态，然后平静、复原、恢复能量。在情绪域也是这样，孩子强烈的情绪耗费了巨大能量，然后平静、复原、恢复能量。在生物域，复原阶段是至关重要的，因为它创造了发展和疗愈的最佳条件。在情绪域也是一样。

父母—孩子的脑间联结动力模式是情绪发展的关键。当然，这不是情绪发展历程中的唯一引擎。通过装扮游戏、同伴互动、阅读故事和讲故事，孩子会很自然地识别和探究情感，家长在此过程中会起到关键作用。通过无意识以及有意识地回应，我们帮助孩子的情绪发展。但有时我们也会阻碍它。当孩子提到让我们不舒服的情感主题的时候，例如生命、死亡、性，或者我们常常忽略的自己的一些行为，如果我们想回避这个问题，他们也会学着回避，如果我们参与他们的讨论，不逃避，并和他们分享我们的经验和见解，他们就会扩展自己的情绪内容，包括对情绪的反思和觉察。

如果孩子"卡"在某个情绪里，往往会本能地对他所害怕或生气的事情做出反应。对于儿童或青少年来讲，发现自己被糟糕的情感包围会是非常可怕的事情，大人的恐惧或愤怒的反应使得孩子更难变得冷静，更难找到自己的情感平衡。恐惧或愤怒笼罩孩子越多，他就越难配合我们，或理解我们说的是什么，甚至感觉不到我们是来帮助他应对这一挑战的。

培育孩子情绪发展的关键步骤是保持脑间联结的双向沟通，尤其是在那些会导致沟通中断的艰难情境中，你也要保持脑间联结的沟通。这可以通过培育脑间联结，把孩子的基本情绪分化、扩大和深化，积极的"次级"情绪（勇气、决心、希望、同情）就可以得到发展。情绪性资产存储越深厚，在紧张的情况下保持冷静所需要的努力会越少。但在这个过程中，孩子也会获得各种消极的次级情绪（失望、嫉妒、内疚或无奈），我在上文曾经也提到过，这使他面对焦虑时会表现得更加脆弱和易受伤害。脑间联结是不会撒谎的，在西西的故事里，陈莉的无奈情绪告诉西西的信息是她的行为是令人讨厌的，这不是帮助西西面对情绪，而更像是在西西的情绪问题上火上浇油。为了帮助女儿梳理这些复杂的感情，陈莉不得不觉察自己的潜在情绪以及她的反应会如何增加西西的情绪困扰。

随着孩子的成长，他开始探索各种不同的情绪，不仅仅是那些他觉得令人振奋的情绪，还有那些他觉得可怕的情绪。重要的是，我们应该接受所有的情绪，不要回避那些让我们感到不安的情绪。就像我们自己痴迷于一些探索黑暗和令人不安的情绪的电影一样，孩子也一样需要在探索令他害怕的情感主题时感到身心安全。我们只有保持冷静和投入，才能提供这种安全的感觉。这可以帮助孩子学会如何调节可怕的情绪，而不是卡在里面或者完全失控。

例如，孩子经常忧虑疾病和死亡。祖父母在他眼前变老、生病，姑姑、伯伯、年轻的表亲和其他亲友可能会生病或死去。他们担心其他人死去，可能还担心父母死去，可能变得过于担心。孩子的情绪压力会表现在一个特定的区域，可能是胃疼或焦虑，但无论如何，他们经常带着担忧来找你，问你一些直率或焦躁的问题。许多这样焦虑的孩子对真正起到调节作用而非转移注意力的自我调节活动有很好的反响。艺术已经被证明特别有效果。可能孩子会选择画一些死亡主题的画，那么父母就需要告诉他画有多美，或者可以鼓励他去解释这幅画，而不要被他们所见所闻吓到。

随着年龄的增长，孩子发展出了冷静客观地思考自己情绪的能力。他们可以开始了解与自己的愤怒、恐惧、悲伤有关联的各种情景。孩子在装扮游戏中探究这些感受，他们身体和情绪的感觉紧紧地联系在一起。越平静的孩子在装扮游戏中的表演就会有更多的细节表现，他们的感情更细腻，并且会有更多带有感情的剧情。相反，越容易激动的孩子，在他们的表演中会有更多的焦虑或攻击性，对情绪的表现也更不确定。

随着他们对自己的情绪有更多的反思，他们开始明白，自己为什么会感到如此愤怒、害怕或悲伤。他们开始了解感情的灰色地带有太多微妙之处，在处理同伴关系的时候要懂得给予和索取的平衡。小时候，孩子可能会冲进屋里，喊着他有多恨他最好的朋友，而仅仅是因为课间时他的朋友与另一个孩子玩，而不和他玩。中学时，如果同学冷落他，关于自己为什么会觉得如此受伤，他可能会以反思、大声说或自言自语这件事来应对。

孩子情绪发展中的一些关键要素，如识别情绪、发展调节情绪的策略、体会自己或他人的情绪、理解自己的情绪从何而来等，都依赖于在安全的关系和脑间联结的共享交换中，与父母或他所信任的其他人一起对情绪展开探索。如果没有这些建设性的体验，孩子的情绪就会被彻底锁定在一个灾难性的、全或无的模式中。

孩子需要情绪开放和安全

人类经常会抑制令我们感到不安的情绪，包括孩子的和我们自己的。但促进孩子情绪发展的秘密不是让他避免或抑制痛苦的情绪，而是让它暴露在光天化日之下。而这对孩子、对我们所有人都非常困难。

强烈的负面情绪会让孩子感到可怕，并且消耗能量，因此他们会尽量抑制这种情绪。随着压力增大，他们最终会爆发或封闭自己，这时想要讲道理是没有用的，因为他正在逃离这个让他恐惧的情绪。他会经常回到前语言状态，无法用语言表达，或者仅使用简单的语言来表达情绪上的痛苦，而这样只会使事情变得更糟。家长可能多次听到自己的孩子大声尖叫："我恨你！"但情绪风波过去之后，他却绝对不会这样说，甚至不可能这样想。

为了帮助孩子在感情上成长，我们需要帮助他们表达自己的感觉，并感到这样做是安全的。他们需要扩大自己的情绪词汇表，经常反思，并区分情绪反应中的不同元素。他们要学习如何识别自己的情绪触发因素，随着年龄的增长，还要逐渐了解自己的情绪弱点。他们需要发展新的情绪，学习如何面对新的情绪挑战，这是成长的一部分。

一起学会读懂情绪指示器

记得有个汽车修理工曾告诉过我他的领悟：孩子的行为就像汽车仪表板上的指示器一样，告诉我们他的"发动机"运行得怎么样。在许多方面，强烈的情感就是我们的指示器，让我们知道什么时候我们的发动机过热了，或者燃料即将耗尽。孩子应该学习的（也是我们全都必须学习的）事情之一就是，什么时候一个强烈的负面情绪正在告诉我们，我们正处于低能量/高紧张状态。非常值得注意的是，在我们低能量/高紧张时看似令人害怕或愤怒的事情，可能在我们高能量/低紧张状态时却看起来没有这么令人困扰，甚至根本就不是一个问题。

我们需要帮助孩子辨识出什么时候强烈的情绪表示他们压力过大、需要恢复体力，而不是教他们压抑自己的情绪。一旦父母和孩子对"吓人"的情绪以这种方式重新定义，这些情绪立刻就会变得不那么可怕。我们在西西那里看到的愤怒，无论原因是什么，都表明她过度紧张和疲惫。在未来的几个月，如果将这些视为一些迹象，指出她的紧张程度需要降低、能量需要增加，那么她的问题就会逐渐消失。

让孩子学会做到这一点，始终是两个人的工作。作为孩子的情绪导师和合作伙伴，你可以打破根深蒂固的压力循环。在培养情绪调节能力的过程中，我们可以这样教孩子：当有"战或逃"或者"冻结"状态征兆的时候，要识别情绪失调的表现，避免感情变得更加激烈，然后着手实施自我调节的 5 个步骤。

情绪调节开始于两个人的交流，这一直是人体机能健康运作的一个至关重要的因素。我们安慰孩子让他感到安全，虽然这开始于父母和孩子之间，但也适合于所有的友谊／同伴和爱情／伴侣的关系。当脑间联结运作畅顺（所谓的"拟合优度"），双方就会产生共同的安全感受。这就是为什么它可以起到稳定情绪的作用，因为通过分享彼此的情绪差异，双方情绪会逐渐发生摇摆扩大和深化。这是同一枚硬币的两面。正如情绪是生活的主旋律一样，生活中也会有情绪不和谐的时刻。正如从情绪摇摆中复原对我们的心理健康极其关键，拥有截然不同的情绪的两个伙伴能够找到他们共同的情感基础，这对间脑的力量也十分关键。

孩子的最大危险：愤怒，是他们的还是我们的

我们总能听到这样的说法，孩子面临的巨大危险之一是不能控制自己的脾气，我们认为所有的幼儿在这方面都有麻烦。有些孩子比别人问题多，这

也许有生理、家庭或社会的原因。传统的说法是，不管什么原因，如果孩子向愤怒让步，他就要遭受痛苦。已经有大量的研究结果可以支持这一说法。研究表明，这些孩子更容易辍学、参与反社会活动、服用毒品、伤害自己、有心理发展问题或者慢性身体疾病。要有效地解决孩子的愤怒问题，我们就要区分因果关系。难道孩子的愤怒必然导致其最终的表现吗？还是我们对孩子愤怒的反应促成了孩子的恶劣表现呢？

事实是，所有的父母、教师甚至儿童，都在用自己的愤怒去回应别人的愤怒。当我们感到愤怒时，我们很自然地就会对生气的对象发脾气：即使是自己的孩子，我们认为他是有错的，一切都是他自己做的，他也必须听从，承认错误。如果他没有，如果之后有什么严重后果，他就是咎由自取！

在所有的负面情绪中，愤怒可能是父母和孩子最难应对的。孩子会发现愤怒特别消耗精力并且很可怕。正如之前我所说的，他经常会尝试忽视或抑制愤怒。但是，压力持续增大，他的愤怒就会爆发。家长们常说，孩子的愤怒太吓人，主要在于它的不可预测性。在一个家长会上，一位母亲描述了儿子的大发雷霆：“这是 0 到 60 的改变。1 秒之前他还是完全平静的，下一刻他就发狂、咆哮起来。”

没有人真的能在瞬间从 0 分的平静变为 60 分的愤怒，孩子的言行举止可能会变化那么快，但这并不意味着他刚刚经历了从平静到激烈的过程。这就是为什么我们必须区分高压锅瞬间爆炸前的“安静”和从情绪平衡的自我调节中得到的平静之间的不同。在情绪爆炸的情况下，尽管孩子并没有表现出来，可实际上他已经很紧张了，这一点很重要，尽管他并不知道。如果紧张程度变得过高，那么即使是在他冷静时没有任何影响的事情，也可能在这时造成情绪爆发。这就是为什么孩子需要自己认识到情绪爆发的原因和结果。换句话说，他需要意识到何种身体状态导致了他情绪的爆发。

自我调节的理论告诉我们，孩子最大的危险实际上不是经历愤怒：因为人人都会生气、发怒。孩子最大的危险是，他为自己的行为感到羞辱、因为缺乏自我控制而受到成年人的指责和惩罚，而这些只会让他更容易受到更多负面情绪的影响。这些情绪包括无助、自卑、忧郁，甚至自我仇恨。对于孩子来讲，所有这一切对于他们"控制脾气"没有丝毫的积极作用。

发怒不是性格弱点，不需要控制。当然，孩子必须清楚地了解他的行为需要有一定的限度。研究表明，就像过于严格的行为限制会对孩子造成压力一样，毫无限制也会对孩子造成压力。但是父母的管教是帮助孩子学会自律，而自律来自于孩子的积极情绪，而不是他的负面情绪。自律来自于孩子成为某种特定类型的人的愿望，并且他也相信自己会成为这样优秀的人，而不是出于他为自己的行动感到害怕、害怕受到羞辱或惩罚。

暴露在光天化日之下

孩子为什么向愤怒妥协，即使这很明显将导致一个不好的结果，会让他们成为社会的弃儿？为什么孩子会选择情绪痛苦，而不是平静沉着？虽然丘吉尔曾经说过，看到每一个困难中蕴藏着机会该是多么好的一件事情，可是为什么在看到每一个机会时，孩子总会看到困难呢？为什么一个十几岁的孩子躺在床上，整天拉着窗帘呢？为什么焦急的孩子不能做到"随它去吧"，或闷闷不乐的孩子不能做到"振作起来"呢？

就如我们在本章中已经看到的，答案是：孩子们选择负面情绪，或只是简单的悲伤都是身不由己的。信不信由你，你劝孩子冷静下来时，其实他也想做到这一点，但不知道怎么做，这并不是说他不明白负面情绪的代价。如果事情是如此简单的话，那么我们只需要再次强调一下影响，他就会停止愤怒、重新振作起来、冷静下来、停止情绪波动、控制住自己了。

　　曾经和我交谈过的每位家长都意识到，哪怕只是出于直觉，对压力的适应能力也绝不在于避免或抑制情绪，而在于直接面对和处理强烈的情绪。他们都试图以自己的方式来解决孩子的情绪问题：优化周围的环境，让孩子面对困扰他们的事情，或者仅仅让他们辨认出是什么在困扰他们。几乎每个人都发现，对待情绪问题，劝说和讲道理是同样无效的。

　　自我调节并不仅仅告诉我们为什么是这样，更重要的是，也告诉我们应该做些什么。它告诉我们要扩大视角：看整个情况，而不只是孩子的身体 /情绪的其中一面，因为当一边不正常时，另一边也是这样。当孩子还不会调节自己的身体唤醒度时，我们是不能帮助他们学会调节情绪唤醒度的。

　　强烈情绪在孩子的成长过程中是很关键的，而不是孩子健康发展的阻碍。我不只是在谈论爱和同情，或兴趣和好奇心，同时也包括恐惧和烦恼，这些都是成长过程的一部分。即使是让他们和周围的人都感到痛苦的愤怒和怨恨，同样也是成长的主要组成部分，所有这些都和孩子的身体状况有着千丝万缕的关系，不可分离。看清楚这些奇怪的可怕行为后，你会发现，这只"阁楼里的怪物"，只不过是一扇被风敲打着、发出响声的百叶窗，其实并不可怕。

第 7 章

认知域

冷静、警觉、学习

瘦而结实的小家伙乐乐七岁了，他从没有走进过房间，而是直冲进去：冲进一个房间再冲出来，在各个房间里横冲直撞。他总是笨拙地撞到桌椅上、墙上。他总是要触摸和抓握所看到的一切东西，但只是玩一会儿就扔在地板上。如果你坐下来和他说话，他就摸出一个掌上游戏机玩，没有办法能把他从游戏中拉出来。他的母亲辛娅说，没有游戏机，他就哪里也不去，甚至在走路或与人交谈的时候都要玩电子游戏。好像这是唯一可以让他慢下来、专心做的事情。

在描述注意力障碍行为的诊断标准中，"高度注意力分散"和"求新"通常是最容易辨认的特征。但对乐乐的母亲或其他人来说，准确地描述孩子的"高度注意力分散"是很不容易的。因为他从来没有长时间地做过什

119

么事情可以显示他有分心，更难看出他的行为是"求新"，他自己似乎也意识不到他正在看或正在做的事情。相反，好像有一些深层次的需要促使他像蜂鸟一样从一个刺激转向另一个刺激。

他不仅是不能安静地坐着的问题。当四处游荡时，他似乎很紧张，与其说是好奇倒不如说是着急更合适。虽然他能黏在电子游戏上几个小时，但很难说这是他专注的表现（这是一个主动的心理状态）还是一种"注意力捕捉"（有些东西通过中断其他过程而获得了你的注意）。即使是长时间的这种关注，其实也是一种被动的心理状态。对于乐乐或者其他有注意力问题的儿童来说，游戏中快速变化的图像、喧闹的声音和鲜艳的色彩让他们爱不释手，但这非常消耗脑力。这些游戏所提供的能量是短暂而不稳定的、缺少管理的，对需要能量的大脑来说就如同垃圾食品一样。

父母很担心乐乐三岁时的多动行为，仅仅是让他坐下来吃早餐或准备去一趟杂货店这样的小事，就需要母亲花费很大的耐心和长时间的努力才能实现。从他开始上学，这种情况就每况愈下了。五岁上幼儿园时，乐乐简直不能安静地坐在凳子上、休息时不能和同学一起排队，也不能和同学一起玩完整的游戏或参与整个活动过程，哪怕是那种简单的"我说你做"或"我来猜"游戏。对他来讲一对一的教学是困难的，他在集体活动中也具有破坏性。所有这一切都意味着他错过了重要的学习机会。

在五岁的后半年，乐乐被诊断出患有注意力缺陷多动障碍（attention-deficit/hyperactivity disorder，ADHD）。下一年，他开始服用一种旨在提高注意力的精神兴奋药物。这种药物对他的社会生活以及他的学习生活都很重要。辛娅说这种药物对他在幼儿园的表现有了些帮助，但她发现他很难把药吞咽下去，并且他痛恨那种口服液和咀嚼片的味道。他们曾经用过药物贴片，但结果是惹怒了孩子，他马上就把它扯掉了。所以对他采取药物治疗无疑是一场重大的战役，药物带来的效果一到晚上就会消失殆尽。这对于他们母子来说真是很折磨人的。辛娅是一位单亲母亲，一名法律秘书，每天的工作压力都很大。但对她来说，更难熬的是在晚上如何对付乐乐，最困难的是他睡觉前的那段时间。她可能需要花费好几个小时才能让他安静下来，他在午夜之前能够入睡对她来说就是小小的胜利。虽然她早上醒来时浑身疲惫，可乐乐却似乎从来没有因为睡眠不足而感到烦恼。

现在乐乐上小学一年级。新学年开始后的三个月，情况变得更加令人痛苦，他们母子都是这样的感觉。学校已经开始进行早期阅读、写作和理解能力的学习，但是乐乐的注意力不集中和冲动性强显然阻碍了他的学习。他的行为似乎是一道坚不可摧的墙，让他无法和他的同学们一起学习。他的母亲甚至担心乐乐完全无法学习。她的担心是有道理的，很多注意力问题严重的孩子的父母和教师都有这样的担心，并且有这种问题的孩子的数量也越来越多。孩子不能集中精力就不可能学习，不能学习就不能成功。

我们的目的是让乐乐慢下来，帮助他体会自己的身体感觉，帮他体验、享受平静的时刻，然后学习如何自己调节这一切。但当我们与这些孩子在一起时，我们研究的重点是看他们能否教给我们什么适用于所有的孩子的事情，而不仅仅适用于那些仍然挣扎在认知域的孩子。

深度剖析认知域

"认知"在心理学上是一个覆盖很多领域的意义很广的词。它指的是所有参与学习的心理过程，像注意力、知觉、记忆和问题解决能力。其实，所有这些方面都涉及非常多的分支内容。相对来说，自我调节所涉及的范围会小一些，但它有自己独特的特点：它涉及这些不同认知过程的共同根基，以及这些关键因素是在哪些方面受到限制，才会导致上述学习的各个方面出现问题。

在认知域，我们在儿童和青少年身上看到的最常见的问题存在于以下领域：

注意力

忽略干扰

延迟满足

想法合并

观点排序

容忍挫折

从错误中学习

关注点切换

找因果关系

抽象思维

当你遇到这些问题当中的任何一个时，很自然就会认为你应该专注于这一具体问题。例如，一个孩子有注意力不够的问题，我们很容易地就认为他需要通过练习来增强这方面的能力。但是，自我调节体系关心的是：为什么会出现这个特殊的问题？根本的因素是什么？我做些什么才可以从根本上加强他的认知能力呢？不仅是对有上述问题的孩子，对所有的孩子来说，这都很重要。即便是一个孩子具有一定的学习能力，随着课业变得更复杂，对他注意力的需求也会更多。孩子若想取得学业上的成功，压力是巨大的，在校期间，孩子遇到的社会和情绪问题也只会增加孩子的压力。

植物的根部吸收水分和养分，并起到稳定植株的作用。同样，当我们讲

"认知的根源"时，我们所指的是各种各样的感觉如何参与和处理不同的内部和外部的信息，以及这些根是如何将孩子"锚定住"的，我们怎样为他提供参加社会活动所需要的安全感。了解孩子身体内部和外部的信号可以告诉我们，我们正在处理的不只是五感——视觉、嗅觉、味觉、触觉和听觉——还有"内部传感器"。这些传感器告诉孩子身体里面发生了什么，他的躯干、头部、四肢、手脚的位置、温度和压力的变化，甚至是对时间的直观感觉。

当他的感觉系统出现问题的时候，让孩子掌握"高层次"或"元认知"的技巧（如计划、自我监控、评估自己的学习情况）会非常令人痛苦：这不但对孩子，对于他的父母和教师都是这样。乐乐就是一个很好的例子。学校努力地帮助他，安排每周"执行功能"（executive function，EF）训练课。所谓"执行功能"是指涉及多个不同的领域，如推理、问题解决、灵活思维、计划和执行，以及有效的多任务处理。如果你见过一个孩子正专心于学习新的游戏规则时，或者能从一个任务轻易地转移到另一个任务时，或者组装乐高模型时会忽视你催促他吃饭的电话，那么你所看到的就是执行功能在起作用。

执行功能训练课的工作包括记笔记、研究和分析文本、计划论文、准备测试和管理时间。这些技能是非常宝贵的，并且对各种有学习障碍的儿童都有很大的帮助，从而降低了学习、写论文或者参加考试的压力。辛娅每个夜晚都认真地陪他练习、复习，但这并没有真正帮助到乐乐。这些课程似乎从来都没有什么效果，他们两人也都有些不喜欢晚上的练习。问题的关键在于，乐乐在认知域的困难在更为基础的层面。自我调节系统涉及的每个域也都是如此。我们要建立一个强大的基础之后才可以开始"高级"阶段的工作。所以，我们要帮助他学习采集和处理不同类别的感官信息之后，才可以研究他的分心和冲动的问题。

有多种原因可能会造成孩子在注意力方面出现问题：生理、情绪、认知、心理、社会等方面。执行功能训练可以帮助一些孩子，但教育工作者经常告诉我说，大量的学生并没有收获。为什么没有收获呢？很大的原因是因为这些计划或活动中，我们都是假设儿童和青少年已经达到了一个他们还尚未具备的层次的认知储备。换句话说，我们需要先培育树根，才可以修剪树枝。

认知的根源

我最喜欢的加里·拉森的一幅漫画，可以帮助我们开始思考"认知根源"。

一个男人对狗狗说："好吧，金杰，我已经受够了，你离垃圾远一点，懂了吗？金杰，离开垃圾！"狗狗听到的却是这样的："嗒嗒嗒，金杰，嗒嗒嗒嗒嗒……，金杰，嗒嗒……"

事实上，很多孩子都有注意力的问题，他们甚至听不到"嗒嗒、嗒嗒、嗒嗒"，而他们听到的更像是"嗒嗒嗒嗒嗒……"这样一连串的声音流。所以，你的简单指令："收拾好你的玩具，然后再出去玩。"对于孩子来讲，就变成了他们分不清楚的乱码。他们可能难以分辨语音的小单位，如英语中的"ing"或"s"结尾，或者某些汉字的尾音，通常这时我们的声音会下降。或者，他们分不清你说的是"胖"、是"帮"还是"忙"。他们的困难就如同你在学习一门外语的时候必须区分细微的发音一样麻烦。学外语时，出现这种情况并不是因为你没有认真听他们在说什么，只是你在听的时候，发现自己越来越沮丧，并且感到越来越听不进去。你的听力本身可能没有问题，只是你的大脑听觉中枢对这个声音并不熟悉。对一些人来说，即便在听他们自己本族语时，如果他们的大脑听觉中枢处理声音的时候出现了问题，他们也会难以理解对方正在说什么。

乐乐有一个大的问题，就是他的"内部"传感器出了问题，这并不罕见。

他玩像"你说我做"这样很简单的游戏也会有很多麻烦，会很快感到厌烦并退出游戏。他的问题看似与动机有关：好像他不想付出努力。但是经过仔细观察后我们看到，他很难按照次序地模仿一些要求他模仿的动作。

从孩子的日常生活表现中，辛娅已经很清楚地感觉到了这一点。但是直到现在，她才认为这有问题。很小的时候，孩子就有这类问题，现在他单脚站立时仍会失去平衡，在平衡板上也很难维持几秒。不论坐下或站起来，他的动作都很笨拙，并且他似乎很难意识到自己身体对其他再简单不过的事物的反应信号。当发现他在打冷战时，除非辛娅提醒，他才会披上毛衣。即使孩子很饿，也需要她站在旁边催促他进餐。睡觉前，辛娅明明感觉到孩子很困，但是孩子自己却并没有意识到。

对于正在学习自我调节的每个孩子来说，出发点是帮助他感觉舒适。对于乐乐，这意味着要玩一些可以帮助他注意到来自他的肌肉和关节的信息的游戏。他在协调自己的行动和言语的时候有困难，所以辛娅和他玩游戏，帮助他认识到了这一点，辛娅与他一起面对和处理这些困难。"红灯变绿灯"[⊖]这样的经典游戏是很有效的，因为这些游戏对孩子来说是有趣和有意义的。同时，这些游戏可以带着孩子亲身体验这种认知经历，孩子在这个过程中需要对自己的思想、动作和表达进行排序，并对周围空间的方位有感知。这些游戏锻炼的是怎样从根本上改善注意力的问题，而不是解决注意力不集中造成的后果。

千万不要以为仅仅是年幼的孩子才需要这样做。孩子体重增加，成长为少年，并不意味着他不会从游戏中获益，每一个人都会从中受益。对于一些青少年来讲，某些情况下，这些基本的"根"从未被使用过，也许是因为另外一个功能起到了补偿的作用，例如他们的记忆力非常强。但在某些时候，要求变

⊖　一种儿童游戏，说绿灯时可以移动，说红灯时立即停下。——编者注

得太高，以至于记忆力不能够满足这些要求。这就是为什么我们经常看到一个十几岁轻轻松松读完小学的孩子，突然会在高中有了注意力问题的原因。

加速认知引擎，到达人生的高速公路

新生儿必须感知身体内外大量的"信息"，这是他们从来没有经历过的感觉。在接收和处理不同种类的信息时遇到生理上的局限，或纯粹的疲惫，他就可能更难理解这些威廉·詹姆斯所说的"数量极大、嘈杂、混乱的信息"。

为了解儿童在认知领域遇到的最根本困难是什么，尤其是在生物域中有障碍、很难专注于任务的儿童，我们可以假设如下情景，设想一下自己会有什么感受：

- 离开扶手，走一段陡峭的楼梯；
- 用非惯用手写信或打网球；
- 电话听筒有问题，你只能听到对方谈话的一部分。

这些各种各样的信息处理对于孩子来讲都是挑战。对一些孩子来说他们每天都会遇到这种挑战，其影响在注意力出现问题的时候就会显现出来。当孩子无法察觉或感觉到感官刺激时，由于他无法相信自己的感觉，就不知道会发生什么，他会感到焦虑，我们大人也会这样。

婴儿如何开始认识模式

模式让世界可预测而不会那么可怕。如果婴儿可以更好地识别模式，世界对他来讲就不会那么可怕，他也更愿意参与。婴儿不断地寻找并聆听周围的一切有模式的东西。例如，婴儿开始听到的不仅仅是声音，而是人们如何使用声音和声音之间的停顿。他开始听到的话是明显的单音——"离""开""垃""圾"，之后再识别父亲大声斥责、手指和面部表情之间的联系。

随着模式的识别，婴儿就会知道自己的感觉，并在所处的环境中有意识地采取行动。婴儿能告诉别人自己想要的东西，或者让身体按照自己的想法去做事情，比如吃东西、拿玩具、走路、停止或继续。这些相同的认识领域的"根"使他能够开始分辨原因和结果，或者认识情绪和行为之间的联系，包括他自己的和父母的。

这种逐渐增长的识别模式的能力，可以很明显地减轻他的压力，并让他的大脑留在"学习"模式，对周围的世界保持开放和有兴趣。当他不能理解正在经历什么，为什么人们有那样的行事方式时，或者当这一切超出了他的接收能力之后，婴儿的大脑就会迅速转移到"生存"模式。所以"认知的根"不仅仅是在帮助婴儿理解这些"大量混乱的信息"，更是通过这些为婴儿探索更多的复杂模式奠定一个可以依赖的安全基础。所以很多时候，婴儿显示出上述认知问题，是因为他没有从那个安全的基础出发去探索周围的世界或者自身。可以说，对于婴儿，面对大量信息，避免自身崩溃的唯一方法，可能就是阻断大部分信息对他感官的轰炸。

但是这些"根"并不会自己增强，或者出于基因决定的原因自然成长。脑间联结的主要作用就是在这个过程中帮助婴儿。当婴儿在对自己的想法进行排序有麻烦的时候，你会本能地通过简化要求，并鼓励、支持他解决问题。这种被称为"脚手架"的学习方式，对任何类型的学习都是必不可少的，但脚手架在我们努力培养孩子的模式识别的早期就开始了。

和婴儿在一起时，你会努力避免感官信息过度，当信息过载时，你会让婴儿回到平静和稳定的状态。你观察他的迹象，即时调节你呈现的"刺激"

的力度和清晰度。例如，我们试图改变发声以找到婴儿看起来最喜欢的音调或音量。这就是我们所说的"婴儿语言"背后有力的依据和行为驱动力。"婴儿语言"是指任何国家的父母都会不自觉地调整他们对婴儿说话的方式，帮助其识别语言模式。我们强调夸大口形的不同，这样婴儿就可以看到和听到不同的信息，就能够区分不同的词语。将听觉和视觉信息组合起来，对于擅长于一种感觉但另一种感觉较弱的婴儿来说特别有益处。

从他学会坐到学会走，我们在很多方面帮助他。我们用"亲亲伤口"的动作让他学习如何在不同的地形上跑步。我们把训练车轮安装在他的自行车上，用冰椅帮助他学习如何滑冰，或用救生圈帮助他学习如何游泳。即使他在学习爬杆的时候，我们也呵护、帮助他。所以，我们最大的错误或许是认为孩子需要自己努力，不需要我们的支持，他自己会学习如何集中注意力。每位家长的梦想都是看到孩子能静静地坐在厨房的桌子边完成功课。但是有些孩子需要我们很多的帮助才可以做到这一点。

认知问题的主根

觉醒调节不只是一支认知的"根"，这是"主根"，它为所有较小的侧根提供营养。想想当婴儿用嘴和手要消耗多少能量，由于地心引力，他想坐起来或步行都感觉如此辛苦。他还需要能量努力去弄明白你的动作，包括在他的婴儿阶段你大量的动作和后来你的话语。

孩子都会有一些"根"比较弱。有些孩子觉得很难听讲或读书。对于其他孩子，学习新的数学理论或操场上的新游戏会感到困难。我们都倾向于回避自己感觉困难的活动。当你疲惫、压力过大的时候，"弱根"总是更加明显。这同样适用于儿童和青少年，他们的很多认知问题，可能仅仅就是回避行为。但是这里有一个更深层次的问题：孩子的压力越大，弱根的问题就越明显。这样一来，孩子的整体压力就会增加。所以，孩子就会陷在认知的基础层面的压力循环中，此时，如果出现模式识别问题（也许是不认识读懂一年级课本所需的单词），孩子就会产生压力，导致能量枯竭，进一步增强原先的模式识别缺陷等问题。

压力过度也会挫伤或减弱感觉觉察。即使孩子之前没有信息处理方面的困难，也可能在很大的压力之下感到很难破译话语信息。如果孩子确实对某种感觉过度敏感或处理某些类型的信息有困难，压力增加会严重地消耗他的能量储备。如果他要花费太多的精力去安静地坐下来、抑制冲动，或理解他看到或听到的信息，那么他可能没有足够的能量一步一步地解决问题。有一次，当我和一个孩子一起学习她的数学讲义时，我注意到，我的台式电脑的风扇噪声都会让她分心。她发现即使数学题就在她面前的屏幕上，她也很难专注。而一旦我关掉了电脑，她就能在几分钟之内解决掉所有的数学问题。

从注意力的身体根源开始

对于很多有注意力问题的孩子，开始时，我们不必忙于制定计划，减少注意力分散或者提高孩子的计划和排序能力，我们应该培养孩子的身体觉察能力，因为这是专注能力的开始。各种简单的练习和游戏能够帮助低龄儿童养成这样的觉察能力。例如，模仿动物的游戏（假装一头大象，摆动大鼻子；假装一只田鼠，慌忙寻找安全的地方），调节发声（假装是咆哮的狮子，或一只吱吱叫的老鼠），调整语音模式（尽可能快或者慢地说话）。其他活动包括：手部动作（用砂纸摩擦一块木板，或轻轻抚摸一个毛绒动物）、触觉感知（蒙上眼睛识别不同种类的物体）、嗅觉感知（单靠嗅觉识别不同类型的精油），或区别不同种类的味道（类似比比多味豆，毫无疑问大多数孩子都会喜欢）。

　　玩这种游戏的关键，不是简单地帮助他们掌握不同种类的运动或调节方法。这是帮助孩子在做这些事情的时候意识到自己的感觉。这里有 4 种基本方法，帮助孩子注意他们的身体内在体验。

- 减慢你的语言、与孩子的日常对话和互动，尤其是当你下达指令时。
- 增强某些种类的刺激的强度，例如声音或视觉，让孩子对这种感觉有印象。减少有可能触发孩子警觉反应的其他刺激的强度。
- 分解想法或把指令分成更小的步骤，让孩子一次专注于一个步骤或一条信息。
- 帮助孩子认识到身体活动或刺激的游戏可以帮助他缓解紧张或者感觉平静。运动之后问问孩子，他觉得自己像机器人（紧张）还是像一个布娃娃（放松）。

　　对于有注意力问题的孩子，尤其是像乐乐一样有很大缺陷的儿童，特别重要的是帮助他们意识到来自于自身"本体感受器"的感官信息，肌肉、肌腱、关节和内耳的感觉神经末梢可以给他们位置和运动的信息。他们需要我们放慢脚步，重复那些我们希望他们练习的动作。我所说的是真的慢下来，直到他们能感觉到自己身体的不同部位以及运动的节奏为止。我们必须保证做这一切的方式是很有趣的，这样就不会触发他们的警觉系统。

　　一位同事曾向我介绍一个她去过的瑜伽馆，这个瑜伽馆的课程完美阐释了这样的过程：慢下来可以怎样强化这种"身体意识"。瑜伽课程的进度非常缓慢，并不是非要让学员学习新的、难的姿势。具体而言，指令和动作侧重于感觉腿部力量及其位置改变，由于地球引力的作用，她缓慢移动时，会将注意力集中在肌肉的紧张上。这就是"本体感受器"起到了作用。但我们很容易忽视它对认知的重要性，因为它似乎是纯粹的生理特点。在课程结束时，她感觉非常平静和轻松。

宇航员曾形容返回地球对他们来说是多么的痛苦：重新体验地心引力的作用，就像是背上沉重的背包或推一辆自行车到陡峭的山坡上。通常情况下，为了保持直立的姿势我们都习惯于抵抗地心引力的作用，而对于有多少肌肉处于紧张状态，我们却没有什么觉察。无论走到哪里，我们都已经习惯于携带沉重的背包，甚至注意不到它的存在。为了保持直立，即使是坐着时，我们的躯干、背部、肩膀和颈部的肌肉也会紧张。所以当婴儿第一次学习如何坐起来时，需要付出很大的努力，就像一个脾气不好的十来岁的孩子早上起床一样困难！

基于 20 年的研究和几千年的冥想传统，对于全神贯注可以对心脏或其他重要部位产生镇静作用的说法已有了理论基础。但这是为什么呢？一部分原因就在于这些增强了我们身体的恢复效果，释放了神经递质乙酰胆碱，它不仅降低了心率，并且提高了快速眼动睡眠阶段的质量，对持续保持专注也是很关键的。

但并不是说所有有运动相关的注意力问题的孩子，都会喜欢做类似"慢动作"的瑜伽，有的孩子只有在做力量瑜伽的时候才会重新振作起来，许多孩子不喜欢任何一种类型的瑜伽。所以，我们又回到了承认个体差异重要性的问题。问题的关键不在于是否有一个神奇的公式能帮助孩子提高他的身体觉察，而是必须由家长和孩子双方共同想出解决的办法。

焦虑、不能专注、无法学习

我们早就知道，焦虑会严重影响孩子的注意能力。从自我调节的角度来看，高度紧张使我们消耗了很多能量，而为专注留下了很少的能量。

注意是一种全身现象，不止涉及大脑，还涉及肌肉。仔细观察一个孩子沉浸在一个问题中，持续几分钟，你可以看到他集中精力时全身紧绷的状态。我们把这描述为孩子"努力"解决问题，这是一个相当重要的比喻，孩子解决问题的时候总是使用全部脑力和全身肌肉。我曾经听到一位教师在他的数学课上告诉学生说："是举重的时候了。"当看到同学们咬紧牙关、紧皱眉头时，我想，这确实是个恰当的比喻。

更重要的是，高度集中注意力可以让我们焦虑。我不是单指不能够解决问题而产生的焦虑，我指的是"全身现象"这个生理效应。无论我们是因为一些情绪问题处于能量不足而高度紧张的状态，还是因为我们长时间地努力保持专注的状态，效果似乎是一样的。

按照我们在学校进行自我调节工作的一般规则，孩子保持专注的分钟数大约与他的年龄的数字是一样的。当然总会有例外的，有些孩子的注意力离你期望的水平相差甚远，但有的却似乎能一直保持专注力。但是，所有孩子都有一个共同点，就是如果他们超过了某一个极限点，不管是怎样的极限点，你就会看到他们身上会出现同样的情绪或者认知问题，他们的边缘系统都启动了。他们开始无心学习，除了电子游戏以外对其他什么东西都提不起兴趣，这样的行为，我们很快就会想到用"懒"字来形容他们。

动机不等同于能量

"动机"不是晦涩难懂的词，一般定义为"激励、启动、引导行为的心理活动"。实际上，"动机"就是促使孩子采取行动的事情。在弄清楚应该怎么定义动机之前，真正的问题是孩子若能量不够的话，怎么可能产生动机呢？

能量和动机之间的联系是密不可分的。能量越多，孩子动机就越大，而低能量会减弱动机，就这么简单。孩子压力越多，能量消耗越大，就越不容易坚持对他有挑战性的任务。身体上的压力包括生病、睡眠不足、营养匮乏、活动不够。与朋友相处有问题、有其他社会关系紧张或情绪方面的问题，这些都可能破坏动机。还有"认知压力"，这是认知域所独有的。

　　除了无法辨识模式的压力，一个普遍的认知压力就是要求孩子在掌握基本的技能或概念之前解决问题。就像孩子在学习字母前是不会读书的，在学习加减法之前是不会乘除计算一样，在认知发展的每一个阶段，脚手架起到的作用是需要孩子在接纳学习的挑战时感到心情平静和自信。当孩子在认知上准备充分的时候，对孩子明确认知需求，对于改善注意力的问题肯定是一剂良方。其他常见的认知压力还包括：有太多信息或太多步骤；不能清晰地呈现所有的信息；呈现形式不能引起孩子的兴趣；信息呈现的速度太快或太慢。

　　我们经常发现，严重缺乏动机的儿童或青少年长期唤醒度不足。很多时候，他们依靠电子游戏或垃圾食品来使自己兴奋。根据我们将在第 11 章里讲到的原因，就会知道这会使他们更加颓废，更无心于学习。但这并不是说当我们做自我调节训练的时候，他们就会突然变得朝气蓬勃。仅仅对孩子的行为重新定义就会让他产生很大的动机，因为他能知道我们对他的感觉，无论是说出来的还是没有说出来的，现在仍有一种倾向将对学习不感兴趣的孩子称为懒惰或不守纪律，是"后进生"。

　　乐乐是一个典型的孩子，他的"能量油箱"总是空的，"发动机"的启动仅仅依靠所剩的少量"油"；这就是为什么他有那么多问题的原因，包括入睡困难、不能安静地坐着，或注意力不够，他的副交感神经系统根本无法满足他的交感神经系统的要求。但是，一旦辛娅开始与他进行自我调节训练，开始弄清为什么他总是不断地燃烧肾上腺素，她就开始学会减少很多影响他注意力的压力源，而不仅仅是想着解决他的压力症状。对于乐乐尤其重要的是，要减少环境里面的"视觉噪声"：墙壁颜色越少、越纯净，他就能越好地集中精力。

当然，永远会有这样的时候：一个孩子不专心，只是他不能被打扰。所以，我们需要学习如何识别这种情况，即不是由于能量低而造成的不专心。当他体力耗竭、非常疲惫时，恐惧当然会让他认真起来。但是这样无论是在精神上还是在身体健康方面，孩子都会为此付出极大的代价。恐惧使他大量消耗自己的能量储备，会产生我们在前几章说过的消极后果，如果不是马上显现出来，后来也会出现。

"坐直，集中精力！"

当孩子容易分心的时候，我们可能会立即迫使他更加努力，但是这可能和孩子所需要的正好完全相反。根据自我控制的理念，我们这时候，要告诉孩子："坐好""不要乱动""安静""集中精力"。其实在许多情况下，我们应该说的是一些可以帮助他集中精神的事情："走一走""活动起来""哼一哼歌""闭上你的眼睛"，等等。

当然，最开始就要帮助孩子了解什么可以帮助他感到平静。所有我们在前几章讲过的休息和恢复策略在这里都可以充分发挥作用：睡眠、饮食、运动、减少周围环境的压力。除此之外，我们需要探索在认知领域的"主动"的恢复策略，即持续保持注意力并减轻压力的方法，包括享受阅读、听音乐、烹饪、观鸟或在大自然中散步。但每个孩子都要学会什么可以帮助自己集中精力，有时他的方式可能会使我们惊讶，因为有可能和我们认为他应该做的恰恰相反。

如果孩子说他写作业的时候需要开着收音机，那么他可能的确需要音乐保持清醒，这样他才可以平静、清醒，并集中精力完成功课。如果孩子坚持在学习的时候躺在沙发上，他可能是在潜意识里降低直立坐着时的能量消耗，虽然很放松，但是很警醒，他能腾出更多的精力集中学习。如果孩子在写作业的时候不愿拉开窗帘，保持光线昏暗，那么他可能是觉得"视觉噪声"会让他疲惫。

对父母来说，关键的是：你要意识到你可能不得不抛弃一些你的假设，比如你会认为孩子应该挺直腰板坐在书桌旁、环境光线需要明亮，或者要有一个安静的空间。也许这对你来说很重要，或者这是你儿时的要求，但它可能不适合你的孩子，又或者你的所有的孩子都不需要同样一种方式。重要的是什么对这个孩子有效果。

对我们所有人来说，当压力使我们难以维持注意力时，哪怕只是几分钟的沉思，或注意冷空气进入鼻子，然后呼出温暖的空气，都可能足以让我们恢复注意力。一个正念的时刻提供了一个短暂的恢复性停顿。当然，不要因为读过许多文章、发现很多孩子从这种类型的活动中受益，就想当然地认为你的孩子也会从这种方式中获得好处，而且如果他不这样，你就强迫他必须坐好并停止乱动，认为这样他就可以进行冥想，这是不合适的！

脑间联结在注意力和学习中的作用

从上文中我们可以看出，脑间联结在孩子模式识别发展方面扮演着重要角色。当然，对于前面提到过的各种执行功能，脑间联结也是必不可少的。而且重要的是要牢记"脑间联结"适用于儿童与他生活中所有重要的成年人和同龄人的互动、交往，而不仅仅是与他的父母。对于有注意力问题的儿童来说，最大的挑战之一是脑间联结经常会增加而不是减少他的问题，特别是在学校环境里，比如教师变得焦躁或愤怒、教练感到沮丧、其他孩子对他不耐烦，或者干脆对无法快乐相处和参与课堂活动的同学失去兴趣，等等。

孩子变得越是焦虑或沮丧，与他互动的人也常常会变得焦躁。因此，孩子不断在消耗他的能量储备，他人也在不断地对他施加压力。这个时候，作为家长、教师、教练、朋友，我们本应该帮助他处理压力，反而在无形中却增加了他的压力负荷。专注的能力不仅是一种调节情绪的能力，也是脑间联结的功能。所以我们如何回应，对于孩子提高专注力是很关键的。

但这并不是说我们应该简单地用更多的时间来教孩子元认知技能。最重要的问题是，我们能否减轻孩子的压力和感官负荷，能否使他们的能量－紧张平衡更偏向能量一方。为实现这一目标，我们要尽量学会换位思考，去尝试真正理解孩子的感受。

如果没有这关键的第一步，我们就会在不经意间增加孩子的压力负荷，自己还认为是在帮助他们。例如，最近发现，大部分有多动症的儿童，大脑中支持持续注意力的部分生长很慢。我们还不能清楚地认识到其中的因果关系，但研究发现，我们在对他们提出与发育正常的孩子同样的认知要求时，本身就增加了他们的压力。

研究还发现，注意力有困难的孩子比正常发育的孩子会感觉时间过得快。我曾问过我的一个患有注意力缺陷多动障碍的朋友这个问题。她跟我说，当她终于开始接受药物治疗时，突然觉得一切都"慢下来了"。这是她在生活中第一次"感到"在时间上与世界同步，并感觉压力如此之少。

我们可能无法弄清楚孩子认知表现的所有细节，不只是我们自己的孩子，也包括其他所有的孩子。我真不知道我是否能够完全理解乐乐的需要，我能理解的是他为什么觉得有压力，这就是为什么他到自己的掌上游戏机中寻找避难地的原因。因此，为了帮助他，我们与他的母亲和教师一起拟定了一些让他冷静的计划。听起来或许令人惊讶，有时乐乐保持冷静需要的只是让他感觉安全的嗓音或面部表情。一旦教师们看到了在乐乐身上的变化，理解了这一切的时候，他们发现这些都是他们很容易给予他的。对乐乐来说，这是一个心理暗示，他不是独自一个人，在他需要关心的时候，会有一个有爱心的人在那里支持他。

但我一直在强调自我调节的重点是"自我"。乐乐的母亲和教师一直在制定各种有效的方案来帮助他。她们怎么才能帮助他学习自己做到这一点呢？最终，这是每一位家长的问题，特别是在孩子的学业方面：我们如何让孩子静静地坐在厨房的桌子旁边学习，而不必站在旁边督促他写完作业；如何让他喜欢学习，而不是由于小学、中学之后不断增加的学业压力而选择逃离；如何让孩子坚持抵制吸引眼球的诱惑，抵制一些引起分心的东西，即使付出的成本再大。

安静和冷静

对于注意力有问题的孩子来说，最重要的事情之一，是觉察到他体内和周围都在发生什么。这意味着他开始觉察到他的身体状态：他感觉饿了、渴了、累了或热了。他也需要意识到何时并且为什么有些东西如此吸引他，比如电子游戏，而且他必须意识到他将其关闭后又是一种什么感觉。同样重要的是，他还需要意识到做完带给他清新感觉、充沛能量的活动后的感受。

有许多类型的觉察：身体觉察、情绪、视觉空间、时间、行动、感觉运动。而最重要的是要慢下来，以便孩子能够注意这种感觉、想法，能够理解其中的因果关系。但是，对于所有的孩子来说，也许最需要发展的、最重要的觉察是冷静是一种什么感觉。正如我们在前面的章节中讲到的，两者在生物学上是完全不同的两种状态。但很多时候，孩子觉得"冷静下来"的意思是"保持安静"，并且沮丧的父母或教师可能也是这个意思。但是，这两个状态完全不一样。尽管孩子内心很不平静，但他可以强迫自己保持沉默。冷静只能来自于我们愿意释放身体和心灵的紧张，并从中感受到愉悦感，同时自己能够意识到这一切的发生。这是身体、情绪和认知三方面平静的结合状态，这种状态可以促进能量恢复和增长，这些恢复和增长反过来支持思维过程和学习。

正念冥想练习的最大好处之一，是让我们能够专注于一些我们常常忽略的感觉：像我们脚踏地板的感觉、房间里的气氛和我们自己的情绪。就如同我们习惯了肩上的背包一样，我们变得对自己身体内部和外界没有感觉。有注意力问题的孩子通常根本不知道他们身体里面和周围发生了什么，往往就是因为在婴幼儿阶段，我们从来没有培养过他们模式辨识的能力，这种能力是把混乱梳理得有次序、聚结琐碎细节为体系的能力。注意力问题明显的孩子可能从来没有在接受不同信息时感觉平静，相反，他们可能已经习惯了身体内部的混乱，对他们来讲这才是一种常态，他们的行为也反映了这一点。在他们没有真正体验到平静状态之前，他们无法知道它是什么。一旦他们经历过，下一步就是要帮助他们发展自我觉察、让他们认识到什么时候需要让自己冷静，以及如何做到这一点。

在帮助孩子的临床案例中，我们通过学校和社区活动为家长和孩子介绍自我调节的理念。我们很早就认识到，对于这些孩子，在帮助他们的过程中，我们最大的错误可能是过分依赖抽象的字眼。开始的时候必须用很简单的语言和思想，以及让他们可以联想到的具体事物（如空或满的油罐，或试图同时运行太多的程序而导致的计算机崩溃），或使用某些流行的玩偶，询问他们是否觉得自己是懒散还是僵硬，就像这些娃娃一样。另一个非常重要的发现是：孩子通常需要冷静一下才可以意识到"他的肚子痛"或者感觉到"他的胳膊疼或腿痛"。当你问一个低能量 / 高紧张状态的孩子，他的身体有什么样的感觉时，通常得到的答案是"没什么感觉"。令人惊讶的是，这也适用于年龄较大的儿童和青少年。等他们冷静下来后，会突然报告说在自己的肚子里好像有个结，并且"一直都存在"！

当进行自我调节的时候，你可以尝试使用不同的策略，看着孩子的脸和身体，看看什么具有安定人心的作用。乐乐发现了一件事，让他感觉平静的是触感，就是母亲实实在在地、稍微用力地按摩他的背部或头部的感觉（他讨厌任何形式的轻轻触摸）。这方面最重要的一点，是让他注意到按摩对于他的颈部、肩部、躯干和腿部的紧张有很好的放松效果。当父母发现他的压力源的时候，他们尽可能地减少他的压力，让他的身心积极参与，这就会让他不那么依赖他的掌上游戏机了。如果没有身体觉察，他就无法到达自我调节的最后阶段：知道何时他需要休息和复原，并知道如何做到。

感到安全的重要性

帮助儿童或青少年的大脑从"生存"模式转向"学习"模式最重要的因素，是让他们从身体上、情感上感到踏实和安全，并且认为自己是在学习。

孩子需要花费大量时间，才可以从根本上促进这些方面的发展，我对这个观点深信不疑。当我带领一组青少年通过一片树林的时候，我的孩子们曾在这片树林长大，我发现一些孩子需要很多帮助才可以感到身心安全。对于我的孩子们永远都不会产生困扰的东西，却会让这些十几岁的男孩和女孩感到烦恼，比如松鼠的叽叽喳喳，小鸟在灌木丛中沙沙作响，昆虫嗡嗡的声音。他们发现自然界如此陌生、可怕。他们小心翼翼地走在小路上，而我的孩子们经常在这些地方疯跑，天知道他们被这里的土堆绊了多少次、摔过多少次跤，然后急忙跑过来，让我背到肩膀上。但是他们就可以从这样的经历中了解到如何去调节脚部和腿部的感觉，无须任何指导。

对于这些十几岁的孩子，攀爬树木和岩石，或走过他们看不到地面、青草过膝的草地，都会让他们焦虑。他们很容易害怕找不到落脚的位置，无法摆脱大脑的"生存"模式。当我们终于回到停车场的时候，他们都明显地松了一口气。这远不是恢复精力的历程，这次郊游俨然已经成了一种折磨。回到城里后，他们立即退回到他们认为安全的、私密的地方，这是一个充满了人造的媒介和几乎没有任何体力活动的世界。

动物可以在它们的洞穴里休息和恢复体力，究其原因，正是因为这是它们感到最安全的地方。鉴于孩子也需要同样的安全感，也许乐乐教给我们的最重要的一课是：他是没有一个洞穴的孩子！不一定是因为他的学校不是一个安全的地方，或在家里没有地方可以在他需要撤退的时候休息一下，但首先也是最重要的，是因为他的身体内部没有安全感，我怀疑他从未有过。

适应中的乐乐

这就是为什么他的母亲和教师开始帮助乐乐参加各种前面描述的、非常简单的游戏和练习的原因。有时一些更基本的东西可以起到帮助的作用，比如让他感觉到他坐的椅子，或站起来时感觉到地板的存在。我们的目标是让他了解他的本体感受器传来的信息，无论是坐着或站着，都要让他感到安全。

促进自我调节的呼吸练习对乐乐来讲似乎是不错的主意。练习很简单，很多教师把这些编排到学校每一天的活动中，并取得了好的效果。其中，坐成莲花的姿势，并且专注自己的呼吸，这样的练习让乐乐变得更为焦躁不安。

他们尝试其他好玩的游戏，开发他的身体觉察，并最终发现他喜欢跳舞。当乐乐对家庭作业注意力不足的时候，他们就会开启"休息时刻"，可以做运动、做感觉游戏和跳萨尔萨舞！辛娅和乐乐的教师还分步骤消除一些大多数人可能不太会注意到的、但却会引发乐乐的警觉反应的视觉干扰和噪声。不过说到底，乐乐发展自我觉察的动机必须是完全的内在动机，他必须学会注意到的不仅仅是听鸟的叫声或理解社会沟通的信息，还有他自己的身体状态和需求。

正如学习舞步的目的是要帮助孩子在做出这些动作时觉察到自己的感觉一样，你和他在厨房桌子旁边进行的、一步一步的手工操作活动对培养注意力有同样的效果。从杂志上撕下彩色图片，创建拼贴图画；从零开始自制橡皮泥，量取原料和水、混合、揉制和捏成不同的形状，这种活动的意义不只是培养创造性。依据自我调节的科学理念，这种活动有助于调整孩子对协调动作和位置的身体内部感官信息的觉察。

就像正念瑜伽课的关键是放慢节奏、突出我们希望孩子练习的动作，也正如面对具有语言困难的孩子，我们会强调一些词汇的发音，确实做到慢下来，才能让孩子能够感觉到他身体的各个部分，以及每一个动作的节奏。

当然，乐乐的情况比较特殊：他出生后有一些感觉运动方面的困难，大多数孩子都可以自然进行的培养身体觉察的活动，对他来说却很困难。但是，乐乐给我们的更大心得是：每个孩子需要确定的不只是他的立足之处，而是他正在经历的事情，尤其是在他的身体内部发生的事情。孩子在新的环境越感到安全，就越会关注他身体内部和周围都发生了什么。

觉察的觉醒：包括他们的和我们的

乐乐 12 岁的时候就可以停止服用药物了，因为他在自我调节和注意力方面都取得了很大的进步。我们的目标从来就不是让乐乐不再进行药物治疗，但他一直讨厌药物的作用。现在他长大了，拥有了必要的技能来监控他自己的唤醒状态，并且可以意识到何时他需要采取措施使自己平静下来。

我有一个更重要的经验是从乐乐那里学到的，这也许是最重要的一课。在课程的最后阶段，有一次课，在我说话的时候，乐乐有些躁动，在房间里走来走去。我承认，我变得有点恼怒，脱口而出："如果你连看都不看我一眼，我在这里讲又有什么意义呢？"然后，他重复了我刚刚说过的话，一个字都不差。开始的时候他不会这样，但现在他进步了，只是这超乎我的想象。

了解乐乐越多，我就越意识到，我们在努力了解一个孩子或我们自己的时候，必须永不停歇！这一点也适用于我们如何与所有的孩子互动。我们想当然地认为孩子是通过和我们一样的眼光看世界：不只是对细节的处理方式，他们还会有和我们同样的判断，并具有相同的态度。可是如果给他们一个机会来描述他们的经历，听他们聊天，我们就会发现，他们的观点和我们的完全不同。我们会惊讶地发现通过他们的眼睛看世界，而不是把我们的看法强加给他们，我们可以学到很多。最重要的是，我们确实应该从孩子的角度去对待和评判他们，而不是使用某种个人的或文化的标准来衡量他们。

乐乐的言行举止和其他同年龄的孩子不同：他走路有点内八字、裤腿有点过高、每天都穿同样的衬衫、总是戴一顶看起来很傻的帽子，孩子们总拿这个开玩笑，而他自己却认为很酷。他问的问题，有时听起来很奇怪，可是如果你认真思考，也不觉得奇怪。他做事不像大多数同龄的孩子那样。他也有一些朋友，数量不是很多，而且他们似乎和他一样有些古怪。结识新朋友会令他紧张。他若能了解你，和他相处就会很愉快；但是若不能了解你，他就会很容易感到不开心。

越是想到他，我就越想知道：我们究竟要什么？当然不是试图让乐乐更像其他小朋友，试图改变他，使他"更正常"。不，我们想要的是让他体验冷静、警醒和学习都是怎么样的感觉，让他知道他何时紧张、能量耗竭以及如何恢复能量，识别他的觉醒系统启动的征兆，以及学习如何将其关闭。很多时候，我们混淆了自己与孩子的需求：我们总是力求使像乐乐这样的孩子更容易管理，而不是让他们进行自我调节。

我仍然把乐乐看作一只蜂鸟，他充满了能量。他会突然地对某件事情入迷，持续时间长度可能是一周，也可能达到数月之久。这反映了一个孩子具有学习的能力并且渴望学习。我应该用"来者不拒"来描述他更为确切，他就像不断发现新的食物一样，狼吞虎咽。但是，他在能量恢复方面已经很好了，因此他在多数时间里是快乐的，面带微笑、兴高采烈。

是的，他有他的跌宕起伏（这些日子里，状态好的时候比状态差的时候多得多），仍然会觉得某些社交场合让他难受。但是最大的区别在于，现在他知道自己什么时候变得不安，以及怎样才能平静下来。

关键的是辛娅在家里与他进行自我调节的学习。她经常与他进行自我觉察的练习，努力地帮助他第一次认识到累了、饿了、冷了或者不舒服的感觉。这些迹象对她是显而易见的，但教乐乐觉察到这些迹象时，辛娅就觉得好像他完全是个婴儿一样，也许这正是关键所在。或许他还没有完全了解觉察，或许他已经忘记了，或许他的压力过载，在某种程度上削弱了他婴儿时期所学到的能力，或许他只是需要我们基于他本来的样子去看待他、支持他，而不是用别人的标准来要求他、批评他。

143

不久以前，有些孩子被诊断为学习障碍，而真正的问题是他们不能听到教师讲的东西或者看不到黑板。当然他们的注意力会不集中，不能按照其他同学学习的样子做。因为担心失败，他们可能采取不适当的行为，于是他们就成了问题孩子。而正确分析后发现，他们所需要的只是眼镜和助听器，这样的发现是很重要的。在过去，我们似乎很野蛮，因为我们一直很严厉地对待这样的孩子，或者完全忽略了他们。不过，现在我们对待容易分心的孩子，或者由于注意力不强而变得很冲动的孩子，还是一样的做法。

第8章

社会域
观察社会性发展的新透镜

　　这所幼儿园的情况，就像所有我曾经访问过的其他幼儿园一样：嘈杂、快乐、朝气蓬勃。然而有几个孩子明显与别人不同，我马上就明白这些孩子正在通过自己的行为告诉我一些重要的事情，只是需要一些时间弄明白这些事情是什么。

　　首先是一个小男孩，他在教室里总是攥着教师的裙子。不论教师走到哪里他都跟着，而她却似乎没有注意到他的存在。当后来我提到这点的时候，她很惊讶：他总是那样黏在她身边，她却没有注意到。

　　第二个是一个专横的小家伙，他似乎已经任命自己为第二长官了。他告诉其他孩子，他们用错了颜色，或者如何握蜡笔，又或者何时涂颜色，我仔细地观察着他。他似乎从来没有松懈过，似乎满足于默默地做着自己的工作。

　　第三个是一个小女孩，她自己坐在一个角落里看书，或者更确切地说是假装看书，在翻书的时候不断地说自己想说的语。我正看着她，一名助教走过来站在她旁边，并问她这本书讲的是什么。孩子脸上闪过惊慌的神情，她迅速地把脸埋在书里。

　　观察这些不同的孩子是很令人着迷的：第一个如此黏着老师，第二个自发承担了这样的角色，第三个回避与成年人接触。整个上午，我都在谨慎地观察着他们。其中最有趣的事情是当孩子们聚集在一起唱歌的时候。教师使用交换式白板，在屏幕上显示歌词。让孩子们唱歌不仅在生理上会得到好处，他们的阅读能力也会有所提高。孩子们真的很投入，大声地把他们要唱的句子喊出来。而只有这三个孩子是例外。

　　我不知道问题是在于他们不能阅读，或者对他们来说声音有点过大，或者他们跟不上节奏。但不管是什么问题，有一点是清楚的，这三个孩子都对这样的场景感到紧张。我可以看到其中两个小男孩喃喃自语地唱，也会哼对一些，这很像我用法语唱加拿大国歌，不愿意身边的人发现我不认识歌词。这时候，小女孩已经蜷缩在角落里，似乎试图让自己隐形。她坐在那里的全部时间都盯着屏幕不吭声，脸上露出紧张的神情。

　　休息的时候，三个孩子和其他孩子一样都跑了出去，但心里都不是特别高兴。那个躲在教师身旁的小男孩试图加入一群孩子，他们在玩地上的一只脏袜子。据我所知，本场游戏的焦点是谁敢去拿那只袜子。一个接一个，孩子们接近袜子，然后就尖叫着离开。这个小家伙试图表明他也和其他孩子一样玩得很开心，但我怀疑他和我一样，都不知道这个游戏的目的是什么。其他的人是在犯傻，但他看上去很尴尬。最让我痛苦的是，我发现其他孩子几乎没有注意到这个孩子的存在。这不难理解他为什么尽可能攥着教师的裙子，在社会交往中，他的唤醒度一定是很高的。

第二小男孩直奔操场上的幼儿区，与一群四五岁的孩子玩。他们正在建造一个堡垒，或者说，比他小的孩子们在建造一座堡垒，他则在那里发号施令。

小女孩独自去了一个秋千那里，她低着头，慢慢地来回晃动秋千。见此情景，另外一位教师走到她身边，挽起她的手走向一组玩捉迷藏的孩子。但只要教师离开她去照顾另一个孩子，小女孩就径直回到秋千那里。据我观察，整个休息时间，她没有和任何一个孩子说过话。休息结束后，她静静地跟着其他孩子回到了教室。对于自己在社会交往时感到的唤醒，她的反应是退缩到自己的角落，避开周围大人和其他孩子给予她的支持。

这三个孩子都是在应对幼儿园的社会性需求时遇到了问题。每个父母都会担忧他们的孩子是否具有良好的社会技能：知道别人的感受和想法、交朋友、知道什么时候找父母或教师请教。甚至在孩子学会走路之前，我们就会带他们到公园，或参加小朋友的聚会，试图向他们传授这些技能。但是看着这三个孩子，明显可以看出这里涉及更基本的东西。

有些孩子掌握这些技能比别人容易得多。正如脑间联结向我们展示的，人的大脑从刚开始就是要与其他大脑相联系。但是我们很难理解有些孩子只能做到与他们的父母连接，而不能与其他孩子相连接，有的孩子只能和自己熟悉的孩子连接，而有的根本就不能这样做。当然更重要的是：我想弄明白这些特殊儿童的情况，我们能够做什么来帮助他们。只是告诉这些小男孩观看和倾听其他孩子做的事情是多么重要，是不能帮助他们学习融入社会交往的；迫使小女孩参加活动和她自己愿意参加，效果也完全不同。

连接的黏合剂：神经感知

我们需要其他人，我们的大脑也需要其他人的大脑。这不只是当我们是婴儿的时候,而是我们的一生都需要这样。同样,其他的大脑也或许会带来压力。同一个现象,为何能有如此相反的作用呢?伟大的美国生理学家史蒂夫·波格斯(Steve Porges)提出的概念——"神经感知"(neuroception),帮助我们回答了这个问题:这是在大脑深处的一个系统,它负责监控周围人或物是否安全。

我播放史蒂夫给我的视频,让父母和教师体会神经感知在行为中起到什么作用。一个八个月大的男婴,目不转睛地看着他的母亲。他很开心,耸着小鼻子呵儿呵儿地笑。这时妈妈擤了一下鼻子,他立即警觉起来。但很快,妈妈舒缓的声音和灿烂的笑容又让他高兴地笑起来。但随后妈妈又再次擤鼻子,孩子的反应是一样的。妈妈又给出了同样的反应。这样重复了四次,每次都有相同的结果,然后母亲狠狠地擤了一下鼻子,孩子的反应方式引起观众哄堂大笑:他瞪着一对大眼睛,露出的是惊讶与恐惧,他使了很大的劲儿猛地往后一缩,如果不是因为他的高脚椅上有安全带,他就会直接翻过去。这是一个还没有学会走路的婴儿"战或逃"的反应。

我们刚才看到的这种情况在孩子们身上经常发生。这里有意识的判断不起作用:婴儿的反应是由大脑正中的报警系统支配的自动化反应。当该系统发现危险时,就会出现我们在前言中所谈到的所有内部和外部的表现:瞪着眼睛、张大嘴巴、挑眉毛、身体紧张、挥舞他的胳膊和蹬腿。当报警系统感觉周围安全时,就会发送信息,收缩眼睛和脸颊周围的肌肉,放松身体,并且会笑起来。

这是脑间联结的一个重要功能:关闭报警系统。婴儿大脑的前额叶部分在最初几年里的增长最为迅速,这一部分系统可以让他镇静下来:会告诉他妈妈擤了四次鼻子,是因为她感冒了;或者说,汽车防盗器一直时不时会响,是因为防盗器坏了。而照顾者是"外部大脑",他在婴儿期发挥着关闭报警的作用。若"外部大脑"的功能执行有效，并且能够持续很长时间，那么婴儿的"学习大脑"就会处于活跃状态，这样他就能够处理语言和面部表情所包含的信息，更不用说感冒和汽车报警器了。

但神经感知的作用是双向的：就像婴儿的表情和动作是自动的，母亲的也是如此。当我教学生学习合作调节的时候，我向他们展示一位母亲和她的儿子开心地一起玩的视频片断：他们的手势、面部表情和情绪都很协调一致。但后来儿子拍打妈妈有些太重，她突然就变得愤怒起来，不再愿意和孩子玩。看上去儿子马上就受到了惊吓，他的身体变得僵硬。母亲看到这一点很担心，然后就把目光放柔和，凑到婴儿旁边：他的身体明显地放松，又开始笑了。

整个过程中，妈妈的表情和孩子一样是自发的。在开始的时候双方都有高兴的表情、闪亮的眼睛和微笑。通过她闪闪发亮的眼睛、说话的节奏和音调、给他的爱抚，照顾者作为唤醒的一个重要来源，上调婴儿的唤醒度，让他吃饭、玩耍、学习。但随后母亲的鼻孔张开、眉头紧皱，婴儿也瞪着眼睛和张着嘴巴、眉毛上扬；母亲眉毛收敛、眼睛眯着，于是两人都回到高兴的表情，眼睛闪闪发亮、显露着笑意。这个了不起的微观互动"舞蹈"在他们的脸上发挥得淋漓尽致。短短几秒钟，他们从高兴，转向愤怒、恐惧、担忧，然后再回到高兴。

通过他们的面部表情、手势、动作、姿势和发声，他们不仅向对方表明自己的感受，并且也引发彼此的感情。开始我们看到了一个共同的情感——快乐；然后他们转移到不和谐的情绪状态——母亲很生气，婴儿受到惊吓；后来，婴儿变得生气，母亲变得害怕；最后他们回到了既放松又高兴的状态。在生理上，他们从最佳唤醒状态到瞬间过度唤醒，然后再回到冷静。

用"共识"很难描述这个过程，这是一种更为原始的合作调节的过程，在这个过程中双方都自动回应，无论是行为上的回应还是内在感受的回应。事实上这是在建立理解他人的能力的根基，这种能力可以帮助他们通过肢体语言知道对方的想法和感受。

神经感知起到黏合剂的作用，不仅仅是在两个个体之间，还包括在不同物种之间。该系统支持着我们的合作调节和安全——自己的或者双方的。它激活内部加工过程，以回应某个威胁和表明人处于痛苦状态的外在行为。当我们看到有人处于痛苦之中时，该系统也会激活内部反应，我们自己的大脑边缘系统会和他产生共鸣，这可以舒缓他的感受（我们微笑、凝视对方或采取表示安慰的手势）。当这个核心系统平稳运行的时候，孩子会收获安全的依恋和友谊；当这个系统受到阻碍或有太多故障的时候，孩子以后的社会发展就很有可能受到不好的影响。

社会联系开始于"无表情面孔"范式

观看"无表情面孔"的实验视频，就如同看母亲撸鼻子把孩子吓坏了一样。实验对婴儿来说很困难，但特罗尼克发现，对于年龄较大的儿童，它同样有压力，并且事实证明，它对于母亲也是有压力的。特罗尼克的一个研究助理进行了这个实验的不同变式，她让大学生们扮演不同的角色，或者是婴儿，或者是照顾者。扮演婴儿角色的学生在报告中说他们感到焦虑、沮丧，甚至恐慌；扮演不负责任的母亲角色的学生说感觉苦恼、焦虑，甚至惭愧。

你并不需要做实验来了解这些学生是如何感受的。曾有多少人走进老板的办公室，本想会因为出色的工作表现得到嘉奖，最后却看到老板的阴沉表情呢？我们的大脑处于高度戒备状态，立即就会进入战或逃的状态。如果你想通过谈判达成交易，而对面的人一言不发，你的感觉又如何呢？这只是一个常见的谈判策略：让一些人不安，他们就会说很多话或做出很多让步。甚至有"拍拖手册"出版，专门推销情绪控制术和被动攻击行为：如何采取非敌意的无响应措施来取得控制权。但是，为什么愤怒或无响应的面孔会令我们不安或失去自我控制呢？

当然，对于这些各种各样的"社会威胁"，我们不是全部采取同样的回应方式。有些人只是笑笑、耸耸肩，而其他人则会拽着老师的裙子或蜷缩在角落里。我们每一个人的反应出于我们独特的气质，与当我们还是婴儿、还远没有进入幼儿园时开始的社会交往有关。

我们现在所说的是社会性唤醒的影响。有些成年人对任何形式的互动都感觉压力过大，以至于他们回避任何形式的社交活动，甚至包括与家人和朋友的聚会。而其他人在社交场合中可以无压力地享受交往。但是，无论我们的"社会性唤醒度"的基础值的高低，我们的神经感知系统一直在寻找安全区域。当它感到安全时，我们会感到平静、清醒或放松。当它受到威胁时，我们会感到紧张、急躁、精力耗竭。在后一种情况下，我们会表现得像那个在无表情面孔实验中八个月大的婴儿，努力要把一个无响应或心绪不宁的伙伴拽回到互动中。当失败时，我们会变得冷漠和手足无措，或者不敢去看对方，更不用说要与其交流。

也许，这个系统最吸引人的是它如何在无意识之下监控人们的身体语言，包括嗓音、手势和面部表情。这些社会性信息在我们的"雷达"之外，不好发现。而这种无意识的监控系统在互动过程中比语言交流更为重要。我曾经与一所学校的校长开会，当时，一个九岁大的女孩蕾蕾被带到校长办公室——她在课堂上惹麻烦、扰乱课堂。这位校长急切地想让学校加入我们的自我调节项目。蕾蕾一直存在这样的问题：她会捣乱，并试图让她的同桌一起捣乱。他们已经警告了她好几次，并更换了她的同桌，这已经是第二次让她到校长办公室了。

　　下面是神经感知的一个有趣的例子。这位校长把我介绍给蕾蕾，说我是专门来帮助她解决问题的。校长当时说的话都是极其正确的：不再计较蕾蕾的行为，要帮她翻开新的一页，让她成为一个让父母引以为豪的孩子。校长甚至谈到了过度唤醒，孩子如何识别过度唤醒以及如何使自己平静下来。但是，问题是校长通过肢体语言表达的信息却是另一个意思。她皱着眉头、声音很刺耳，并在办公桌上敲手指。我能注意到蕾蕾看到这些之后就发抖，然后就僵在那里。很明显，我认为她没有完全理解校长对她说的大部分内容。她的脸上失去光彩，最后迫于当时气氛的压力，她不得不向我们承诺，她将停止这样的行为。

　　当小女孩离开后，或者说是从办公室逃离后，校长转向我，脸上露出懊恼的神色，说道："我应该怎么对待像她这样的孩子呢？"我认为她的问题是想集思广益，得到帮助，而不只是表达她的无奈和失望的情感。我对她说，孩子似乎对声音、表情、手势、语调特别敏感，现在重要的是让她自己保持心情平静，冷静地把自己想讲的话说出来。我们还探讨了为什么蕾蕾会有这个问题：我们很快都认识到，这不只是因为社会意识和人际交往能力匮乏，而是牵扯到她的身体、情绪及唤醒度的问题。解决问题的关键是如何提高她的社交舒适度。

　　困惑的校长是很好的例子，这显示了一旦我们意识到自己一直在不自觉地做的事情，我们的身体语言就会有迅速的改变。第二天，校长和蕾蕾的互动就发生了很大的变化。但不是因为校长有意识地努力保持自己的手放在腿上而不再敲桌子。相反，那是因为她突然用另一种完全不同的眼光去看蕾蕾。之前她觉得小女孩的行为惹人烦，现在她认识到孩子有很大的压力，她就马上降低声音，也不再瞪眼睛。

"社会性动物"需要社会交往——有时也会恐惧它

当然，还有一些人利用我们在"无表情面孔"实验中所感受到的不适。可悲的是，这些有意操纵这种需求的人并不感到沮丧（像大学生扮演不负责任的保姆时在报告中所描述的那种沮丧），而是感到一种权力欲和操控感。但是，为什么他们有这样一个非常以自我为中心的冲动，如此违背社会交往的基本需求呢？这个问题的答案是复杂的，在后面的章节中我会讲到，最终它会带领我们深入到"亲社会域"。但出发点在于神经感知：一种偏向"战斗"的应激反应系统。

操纵型个人习惯于把别人当成威胁：工作好的员工会要求他加薪，和他洽谈的商人会利用他的弱点，酒吧里的漂亮女人会拒绝他。如同实验中那个八个月大的婴儿会变得恼怒一样，这些人也会变得具有侵犯性、挑衅性。他们致力于操纵、控制对方，把这当成一种他在社交场合已经习惯的处理焦虑的方式。

相反，总是习惯性顺从的人，或者回避所有社会交往的人，不只是简单地因为天生被动或者是"先天害羞"。无论是出于什么原因，陌生人都会让他肾上腺素激增，促使他做出"逃跑"反应，这也容易让他进入"冻结"状态。他选择逃离不仅仅是因为情绪，而是生理性的：一个促进副交感神经功能的防御机制在起作用。

这些模式可能难以突破，仅仅是因为它们已经变得如此根深蒂固了。上文中我在幼儿园里看到的那个独裁的小男孩，他天生并非如此。我想他不是在表演他在家中的表现（虽然这很可能也是一个因素），相反，他对于他体内微妙的情感漩涡很困惑，这一点越不确定，他就会表现得越霸气。一路跑到操场边的小女孩不是简单的"社交焦虑"，而是正在以她所知道的唯一的途径来减少她的压力。

这个现象有助于我们理解关于社会互动的一个巨大悖论。我们的确是群居动物：我们来到这个世界，大脑不单单是在被动接收，实际上是需要另一个大脑才会感到安全。婴儿发出的信号是为了求助，照顾者回应的信号是这种帮助存在。如果照顾者无法提供这些信号，也许是因为她弄不清楚婴儿的需求，其结果很可能是多个域的过度唤醒：生物、情绪、认知和社会域。

一对年轻夫妇曾经与我分享他们的极度难过的故事，因为他们的儿子，一个九个月大的婴儿在母亲开始哭时笑了。"这是否意味着，"父亲问，"我们的儿子有虐待狂的倾向吗？"我尽我所能地婉转解释，这只是一种对母亲哭声的自发反应，哭声启动了儿子的报警系统。事实上，这只是一个恐惧反应。几年之后，这个孩子才会开始调节自己的情绪反应。当他们明白这一点时，我不但看到也真实地感受到这对夫妇不再那么紧张。这同样适用于其他的自发反应，例如愤怒，尽管让很多家长了解愤怒仅仅是对威胁的一种原始反应很不容易。我尤其记得有一位母亲说，她的宝贝女儿很生气时，她是如此心乱，我们只能帮助她明白她需要保持自己的平静，不要着急。原因是，当一位家长对婴儿的愤怒爆发也报以愤怒的回应时，会更加剧婴儿对威胁的神经感知，这是导致愤怒的最根本原因。

社会性威胁触发生存大脑和"战斗、逃跑或冻结"反应

如果这种交流失败成为习惯，孩子就会在他害怕的时候选择逃离这时他最需要的人：婴儿期时，逃离一位心情平静的照顾者，或在年龄较大的时候，逃离身边心情平静的同伴和成年人。他会变得自闭。如果我们进入"战或逃"的状态，我们的大脑本来是应对威胁和适应社会参与的最先进的大脑，这时

候会转换成一个更加原始的大脑，这种机制仅仅适用于早期孤立的动物，也就是所谓的"生存大脑"。

这是"战或逃"的真实感受：自己一个人拼命逃跑。对于孩子来说，用语言表达出来这种感受是非常困难的，但我们可以帮助他们在这种情况发生时，找到一些非语言的方式表达出来。我记得有一个小女孩，她有一个很美的名字叫杜松子，但是大家都叫她"独生子"。她感觉难以忍受的时候，就会抱着她的玩偶，并把它放在娃娃屋的一角，她这样做的目的也是想让父母知道她的感受。

在"战或逃"状态下，即使是最温和的社会行为，人们也会把它理解成一种威胁。你还记得晚上崩溃的西西吗？她告诉过我很多次，就是希望母亲不要再对她大喊大叫了。而我亲眼所见的是，当西西心情不好的时候，西西母亲根本没有提高她的声音，更不用说大喊大叫了。然而，这就是西西的感觉！而当她气愤地告诉母亲别喊了的时候，陈莉的确提高了她的声音，因为她是如此的沮丧。在我面前，陈莉没少因为受到这样不公平的指责而感到伤心。

不要试图与有消极倾向的孩子辩解，或者尝试去管教他们，因为那样做会更糟糕。我们必须使他们重新参与社会的互动，为了实现这一目标，我们必须重新建立他们的安全感。脑间联结的主要职责就是使孩子感到安全，而且值得重申的是，在很长时间内都是如此。它适用于广泛意义上的生活，并不仅仅是养育子女，但它对育儿尤其有效。

如果单纯是与在社会互动中的安全感有关，我们可能会这样理解这种情况：有时你会感觉很舒服，有时却不是这样，而这就是生活给我们的感受。但我们已经看到，这涉及很多方面，而不仅仅是一种主观体验。社会域的唤醒对自我调节所涉及的其他域都有很大影响。当孩子感觉到威胁时，其结果可能是交感神经系统在起作用（愤怒和攻击、逃离或放弃）或副交感神经起作用（退缩、瘫痪）。这种失调会对他的紧张度、情绪和自我意识产生很大的影响。当孩子感觉到安全时，他体验到的恢复状态不仅仅带来愉快的感受，孩子在其中也能学习和成长。在这种情况下，成长是社会性的：这些技能的成长可以使孩子日后有效应对日益复杂的社会挑战。

来自火星的人类学家

到目前为止，在生物、情绪和认知域的恢复和成长过程中，我们已经认识到保持镇静、专注、警醒的重要性，这对于社会域的成长过程也一样重要。恢复阶段的重要性就如同放松对于锻炼的重要性一样。每一个健身房里的人都知道，最重要的还是锻炼后的体能恢复。他们先锻炼，超过自己的舒适度，之后再允许身体修复，这样肌肉才会增长。社会域的发展也是类似的。我们需要有机会考虑我们认为富有挑战性的社会情境，但对于太多的十几岁孩子来讲，现在的社会媒体要求他们总是处于启动状态。这就意味着他们没有足够的"停机"时间去思考他们觉得何时会受到威胁、原因是什么，而这对于社会域的发展是至关重要的。如果他们的社交活动仅限于短信和电脑屏幕，他们就会错过面对面的社会参与。问题是，社会交流中的肢体语言和面部表情、语调、语言交流的节奏以及周围环境，所有这些方面的细节对于社会参与和社会学习、成长都是至关重要的。

去区分"生物""情感""认知"和"社会"的发展可能会误导我们，因为它们之间有着千丝万缕的联系，实际上这些都是自我调节的不同方面。当孩子感到安全时，他会喜欢参与交流，并能较长时间关注他的照顾者或周围的人。他关注得越多，就越容易开始识别社会模式。这种"模式识别"是被

"写入"他的大脑的，使他能够从人们的脸上、声音或手势预知他们的意思。并且，他可以表达自己的意愿和愿望：随着交际能力的提高，他的意愿和愿望表达也会变得越来越复杂。

我们在教学中还用过另一个视频，很温馨的画面：一位父亲和他的宝贝儿子躺在床上，他们俩玩的游戏是扮鬼脸——一个很传统的游戏。对此，两人都很高兴。但过了不到一分钟，儿子累了，转过头去。认识到儿子需要稍微休息，父亲放松下来并耐心地等待他休息一下，继续参与活动，确实经过30多秒，他又继续参与游戏了。然后，他们两个又玩得不亦乐乎，都被对方的滑稽动作逗得大喊大笑。

我们对比两个画面：这个充满美好情景的视频与两个月前他们的视频。那是他们第一次来看我们的时候，他们玩相同的游戏。但是那一次，当儿子转身时，父亲的反应很有侵犯性。尽管儿子明确显示需要休息，而他却迫切希望保持交流。我们观察到，儿子变得越来越烦躁、生气。也许整个过程中最令人同情的部分是爸爸脸上的表情：你可以很明显地看出他被拒绝的失落。

在刚来时，两个人达到同步的确很不容易。这对他们两个来说都很难。我们需要让他们进入同步状态，这样可以促进婴儿的社会大脑的连接。随着婴儿大脑的成熟，他将不只是能够参与这种长时间的互动，并且会渴望互动。循着儿子所给信息的指引，及时调整给予孩子的刺激，可以说，父亲不但和孩子一起度过了快乐的时光，还一直在学习。

我上面描述的微观互动"舞蹈"可以变得更加复杂。对于人们来说，这不是一个自然成熟的过程或先天的现象，而是一个习得的行为：参与长时间的更为复杂的互动的结果。孩子会学习某些面部表情、发声、手势、词汇的含义。孩子从"方形舞步"到"探戈舞步"，他所学得的，例如"读心术"、内心表现技能（如何通过面部表情和姿势表达我们的感受）和语言技能，可以使他与越来越多的伙伴"跳舞"。

神经感知创造的安全区域使社会域发展成为可能。这个过程和孩子的情绪发展过程是类似的，事实上也是密不可分的。

无论是出于何种原因，如果发现一个孩子不愿参与社会活动，那么他的这个学习过程就会受到影响。孩子会发现自己对周围环境感到不堪重负，若一切超出了他的社交能力，他就会有可能变得有侵略性或退缩。这样的反应，会进一步加剧他的社交不足，因为他需要进行更复杂的交流，学习更精密的"读心术"与表达能力。

这样的孩子所面临的问题是，别人对他的社会期望增长速度太快，以至于他无法跟上。他不能从别人脸上"读懂"他们的意思，或和别人进行对话的时候跟不上节拍。他不明白为什么他说的话或者他的行为会引起他人脸上出现恐惧、愤怒或被逗乐的反应。他好像和大家不在同一个频道。除了他，每个人都被一个笑话逗得哈哈大笑。就像坦普·葛兰汀⊖（Temple Grandin）所描述的一样，她形容自己是"来自火星的人类学家"。这就是许多孩子的感觉，而且我们不是慢慢地引导他们理解社会交往，反而对他们进行谴责或者给予惩罚，这进一步加剧了他们的社交焦虑。

这正是在蕾蕾身上发生的事情。她就是那个与我在校长办公室一起待着的小女孩。她不会在班里处理席卷而来的微妙情感。教师有时会说些好玩的事情，除了她，每个人都会笑。她不想让别人发现，所以她会装傻、开玩笑。她知道开玩笑可以让其他孩子也跟着傻笑，这种方式会让她感到她是集体的一部分。她长期处在社会唤醒状态，如果遇到困难就会更糟糕。

这是很多孩子都习惯了的状态，一个我们许多人都已经习惯了的状态。

⊖　世界知名动物学家，从小患有自闭症，自称为一个"视觉思考者"。——编者注

儿童会学习应对的技能，甚至非常努力地去探索，在应对策略上找到适合自己的方式。其实这也是为什么许多成年人处于长期的社会唤醒状态，却在自己的工作上表现得很好的原因。这指的是一个人在不舒服的环境中却表现成功的现象。但是，焦虑是永远存在的，就像背景中不断的嗡嗡声。而长期社会唤醒的影响非常明显：会出现睡觉、吃饭方面的问题，没有明确病因的身体上的疾病，关系问题，莫名的不安，或者更糟的问题。

小文：社会域成长跟踪记录

如果遇到小文，你立刻就会喜欢上他。他是那样一个有魅力的 16 岁男孩儿。他足有六英尺高、有棕色的头发和棕色的眼睛、偏瘦、浑身都是肌肉，他似乎对自己的整体形象很满意。他会很高兴地和你打招呼，注视你的眼睛，很有力地和你握手，告诉你见到你很高兴，很专注地听你说话。和他说话会让你感觉很舒服，很想继续和他聊天。从他身上你再也找不到他小时候的样子：婴儿时期的他焦躁不安，蹒跚学步时也很容易烦躁，不喜欢托儿所，上小学时极其活跃但几乎没有朋友，沮丧起来就一蹶不振，基本上总在惹事。

小文很小的时候就非常想有玩伴，但他不知道如何与其他孩子交流。妈妈说过她是如何尝试让他先和一个孩子玩，并且邀请朋友和她的孩子下午来家里玩。但是，三岁的小文很重地打那个孩子的后背，所以那个孩子和母亲很快就离开了。后来的好几个小时，小文就一直一个人待着。

小文的童年充满了这类事件。妈妈也尝试让他参加童子军。去了三次后，童子军主管就要求她带小文回去，等一两年之后再来，理由是"他还没准备好"。后来参加的夏令营和学前班也是以这样的结局告终，尽管那是一所最先进的市级学前班，尽管他在那里待了近一个月，可最后主任还是告知家长带小文去看看医生。用他母亲的话说，幼儿园的生活"从一开始就是一场灾难"。

然而，当他自己玩的时候，小文是一个非常可爱的孩子，喜欢取悦他人、对任何事情都很服从管教（除了关掉电视！）。可是如果把他与其他孩子放在一起，他似乎就垮掉了。几分钟内，他就会大喊大叫、推搡别人或有更糟的行为。家长对这一遍又一遍的重复行为的反应是生气：坚持不让他参加社会活动，剥夺他最需要的在这一领域的发展经验，或者更糟的是惩罚他，甚至羞辱他。这种现象一直持续到小学三年级，他们才来我们这里求助。他曾经由于在操场上无故打架而被送到了学校心理诊所，这种事情在过去的一个月里就发生了三次。学校的心理学家说，如果不遏制这种行为，就可能导致"彻底的品行障碍"。

小文父母在这次会面后所做的第一件事，就是赶回家到网上尽可能多地阅读"品行障碍"的书。他们读得越多，他们就越惊慌。因为这些儿童会有较高的可能辍学、吸毒、犯罪或有某种心理疾病。他们请求我们在纽约的临床团队安排和他们见面，希望我们或许可以"想出一个办法，让他不成为那样的孩子"。

显而易见的问题是，小文在"读心"或非语言交际方面遇到了很多麻烦。我们在他的感觉方面中找不出任何大的困难：只是一个九岁的孩子，他似乎不能理解我们通过手势或说话的语气互相发送的微妙信息。这当然可以解释为什么小文在社会交往中有压力。想象一下，在异国他乡，你既不知道别人在说什么，也不了解别人的肢体语言表示的是什么意思，你会不确定他们的意图，跟不上周围事情的节奏，并且神经处于高度戒备的状态。

　　小文显然无法理解其他孩子的意图，结果往往是他和周围的孩子都变得很着急。有些孩子在这种情况下就变得不爱说话，有些孩子不再回应，还有些孩子会逃离社交场合，或变得过度活跃或反应过激。某些情况下，他们仅仅是在表演，是试图让其他孩子高兴，而没有实际的交流。小文的情况是，在不同的时候这些行为都会有所表现。

　　考虑到学校也是一个高强度的社交环境，他感到上学非常困难，就不让人惊讶了。他往往在课堂上很安静，可在操场上对别的小朋友却有进攻性。这可能是由于他们经常无情地取笑他。其他孩子也总是想办法让他发脾气，然后看他苦恼。有时他会狂奔，结果有一天学校校长打来电话抱怨说，她没有足够的人手来照看他。小文母亲告诉我，这不是一个友好的或热情的电话：校长很明显在生这个不能控制自己的孩子的气。此外，校长生气的语调给小文母亲的感觉更像是她教育孩子很失败。她说："我觉得校长对我大声喊叫，就好像是在训斥我作为母亲真的很糟糕！"

　　在小文还是婴儿时拍摄的家庭视频中，我们能够看到他的一些行为确实具有他父母所描述的特点。我们看到的是婴儿两种非常不同的表现，当他与父母玩的时候是安静的，但在社会活动中，例如生日派对或是感恩节聚会上，他的表现却很失败，看起来这些事情对他来讲很不轻松。特别有意思的是看着小文父母在我的办公室里与小文的互动：他们说话声音很轻很慢，很少有手势，微笑的时候也不多，每次在孩子回答一个问题之前总是很耐心地等待着。他们三个的交流，让我想起了优美的华尔兹舞曲的旋律。很显然，小文父母在获得我们的帮助之前，就已经开始学习有意识地减少他们的非语言信息，让小文继续保持和他们的互动。我注意到，如果我们的工作人员稍微带些动作手势，小文很快就会不堪重负，表现得很困窘。我怀疑这可能解释了他在学校里的表现。

太多的孩子、太多的情感交流、太多的互动信息，对于他来讲真是速度太快了，更别说使用他笨拙的技巧参与互动了。

孩子需要应付的所有不同种类的"威胁"中，尤其具有挑战性的是，不知道对方接下来会做什么、下一步你该做什么、大家都在笑什么。这很可能是小文有很多困惑的原因。在这个时候试图去和他讲道理是没有意义的。他会说开始是其他孩子先打他的。知道究竟是怎么一回事的老师听到他这么说自然会很反感。这意味着，小文因为避免惹麻烦而撒谎会不断地受到他们的指责。

仔细想想，无疑。但是，从来没有人考虑过的是，他所描述的正是他所感觉到的！他可能不是为了摆脱麻烦而编故事，而一直是在描述他的内心体会。消极倾向所带来的最大问题之一是，即使孩子所说的版本或许有少许不符实际，但这在很大程度上是孩子真实的体验。只要他的警觉系统启动，即使是最无害的行为，他也会认为是一种威胁。一个孩子淘气地推一下其他孩子，高度警觉的孩子就会很重地反推他，因为他认为这是一种攻击行为。或者教师告诉他要排队，他就开始哭。因为在他心中，这是教师在对他大声呵斥，他认为老师讨厌他。

小文正在处理的所有挑战中，最大的是他总在学校惹麻烦。他经常在午餐时间或课间被教师留下，被禁止参加某些活动。三年级的时候，甚至被停课两天。很快大家都传开了，他是一个麻烦制造者，教师对他的看法和期望都已经固定不变了。当他们看见他时，无论他在做什么，他们都会下意识地在脸上带着严肃的神情。只要课堂上有任何的骚动，第一个被挑出来训斥的总是小文。

似乎每一年都变得比之前还要糟糕，直到五年级，他才真的开始崩溃了。他几乎没有一天不罚站或者到校长办公室。他每天早上醒来后都害怕去上学，每天回家的时候都极度沮丧。小文父母决定尝试一些大胆的措施。第二年，他们把他转学到另外一所学校，那里有加拿大的自我调节项目，这是把自我调节纳入教育各个方面的全国性项目，包括孩子、教师、管理人员和父母。在新学校，小文接触到一个儿童和教师的新群体，并且遇到一位很有同情心的校长，她决心帮助这个小男孩。她似乎很理解他。这位校长建议，小文要与一位教育助理在一起学习，这让他在六年级时的表现令人惊叹。

这位教育助理是特拉先生，他是我所见过的最温柔、最有耐心的人之一。从一开始，他的态度就是：他会帮助小文学习，而不管进度的快慢，只要小文自己觉得舒服就可以，但为实现这一目标，小文需要信任他。他永远不会吆喝，也从来不给小文压力，虽然有时候会遇到困难，他也会采用小文能够清楚理解的方式。最重要的是，他就像小文父母一样：说话轻且慢，很少用手势比画或四处移动，非常有耐心。

所有教师都知道这件事，并一致同意：只要特拉先生认为有必要，小文就可以随时离开教室。刚开始一切都很有规律：小文和特拉先生会悄悄地站起来围着校园散步，即使天气很冷，也都是等到小文准备好才回去。很奇妙地，仅仅知道他有这种自由，对他来说就很心安了，他越来越少地离开教室，到圣诞节时就完全不再离开，与教师的对峙也消失了。

在他们的学习进程中，特拉先生首先寻找小文对什么真的感兴趣，后来发现竟然是第二次世界大战。很快，小文如饥似渴地阅读，俨然对历史到了痴迷的程度。下一步将是很大的挑战：数学。玩过各种数学游戏之后，事实证明，焦虑是小文曾经在数学方面存在这么大困难的重要原因，在他心中，尝试后失败还不如不尝试。但很快，他已经准备好解数学题了。小文的信心实现了跨越式的增长。在一段非常短的时间内，他不仅达到了全年级平均水平，甚至开始脱颖而出了。这怎么可能呢？

答案就是特拉先生让他感到安全，越感觉安全，他就越可以专心听讲。但很快一些更令人瞩目的事情发生了：小文开始交朋友了。他开始参与班级活动，并与其他孩子配合得很好。之前看起来是社交技能差的问题，但事实上，这是一个更大的神经感知方面的挑战。他和教师在一起时很少有与父母在一起时的那种滋养型互动。他在学校感到更多的焦虑，让他对周围环境敏感、警觉，即使那里根本就不存在任何威胁。

问题是，在学校里别人一直对他大声喊叫，他常常陷入麻烦，并被迫道歉或承认他是有责任的，而他并没有真正理解他的所作所为错在哪里。他所理解到的是，说"对不起"或"我不会再这样做"就会摆脱麻烦，但在教师的眼里，这一切看起来确实是他的错。然而，他真的不理解为什么人们对他这么生气。因此，整个系统已成为一个恶性循环，这就是他为什么一直在朝着品行障碍发展的真正原因：不是因为他没有能力学习社交技巧，而是因为人们对待他一贯如此，仿佛他永远都不愿意控制自己的行为。

一天，特拉先生打电话给我，让我们一起集思广益，看看怎么可以让小文进一步发展他的社交技能。我们决定，他陪小文练习打篮球，甚至可以去操场担任他的助理教练，并在课间休息时也与小文待在一起，只要有必要他就毫不犹豫地陪着小文。我曾经亲眼去看他们的进展，眼前的一幕立即让我想到了小文在幼儿园与两个孩子玩耍的情景。操场上一帮男生在做一个他们创造的游戏——一个结合了棒球、足球和橄榄球的游戏。我敢肯定，小文在理解规则方面与我一样会有很多困难，过了一会儿，他就放弃了。当他是一个小男孩的时候，在这种情况下，他会退到操场边，全神贯注地玩昆虫或石头。但这一次我看到他走向特拉先生，说了些什么，然后就走了。整个休息时间，我就看见他一会儿离开特拉先生，加入那群孩子做游戏，一会儿又回来跟特拉先生问什么或者说些什么。我意识到，我所看到的情景和那个一直拽着教师裙子的小男孩儿是完全一样的。

小文在课堂上和课间休息时，与特拉先生的交流让他感到越来越冷静和踏实，他也变得越来越关注其他孩子以及教师。他开始学习以前似乎超出他能力范围的社交能力。每个人，他的父母、教师和同学们，都发现了这一点。但这种变化并不是一夜之间发生的。这里没有我们常说的"神奇时刻"，即小文并没有突然就变得和其他孩子一样。但这种实实在在的变化在慢慢地发生。而小文父母对他有一天会发展成"品行障碍"的担忧也变得越来越少了。

当小文 16 岁时，我们问小文父母是否有这样一个时刻，他们不再惧怕孩子会有可怕的未来，他们会突然能够感觉到小文的未来有可能会成为什么样的人。他们立即就回答说：就是他在高中一年级当选为篮球队长的时候。这是对他的篮球技巧的认可，但更重要的是，这是他第一次得到除了父母之外的成年人的积极肯定。球队中所有的孩子都对他肃然起敬，这对他一直以来受到压抑和打击的自尊心的培养非常重要。

毫无疑问，运动是帮助小文克服"消极倾向"的一个关键因素，他很喜欢打篮球。他喜欢这项运动的一切：挑战、体育精神、友爱和收获。他走在街上时会拍着球玩、在屋前的车道花几个小时练习跳投，整个夏天，他都会用绷带包着右手以迫使自己学习如何"用左手打球"。他现在的梦想是有一天可以打职业赛，也许他真的可能会成功，谁又能知道呢？无论他最终的职业道路是什么，小文身上散发着如此迷人的气质，成熟稳重，这个孩子身上的品质为他以后在成年生活中获得成功奠定了基础。

孩子天然的兴趣爱好往往可以帮助我们找到孩子多个领域内的自我调节发展的内在动力。篮球运动对小文在所有五个域中都有练习调节的作用。一支球队只有在合作调节做得很好的时候才会获胜。小文的调节技能越好，在赛场上才越会注意到别人都在做什么，以及赛场周围都发生着什么。他在社会交往和维持友谊方面做得越来越好。我感觉这在很大程度上要归功于他在更衣室内、和朋友一起去餐厅、乘坐球队大巴、在比赛休息空隙和朋友出去玩时受到的社交技能训练。

　　小文的故事提醒我们注意到整个"系统"在五个领域间的相互关联，以及在一个特定的领域对行为进行研究时，我们需要如何对每一个域和所有域进行分析。随着小文社交能力的增长，他的情绪调节能力得到了提高，在社交场合不再感到焦虑，这使得他的社交能力又进一步地增长。"读心术"越强，他就会发现社会交往越轻松。他越感到轻松，他就越能注意到身体内部和周围都发生了什么。甚至他的自律能力也在改善。他的母亲告诉我一个更感人的故事。有一次，他决定不和其他孩子一起参加在酒店游泳池的玩耍，而是早早上床，这是为了第二天的比赛做好充分的休息。这似乎是一件小事，但对他这样一个儿童期和其他孩子在一起时总是习惯处于高度唤醒状态的孩子来讲，确实不容易。 他现在做选择的时候，有较好的自我觉察和自我调节能力，这表明他在做一件事之前就已经知道什么最适合他，对于他来讲，这可是向前迈出了一大步。

自我调节为积极的社会参与创建了"脚手架"

　　在社会域的自我调节主要涉及神经感知和社会参与系统的发展。问题是：社会交往本身就有可能是压力，而社会参与却是孩子面对压力时的第一道防线。自我调节的学习可以帮助我们看到，先是父母，然后是教师，他们都是如何帮助孩子减轻这种紧张的。

早期儿童发展的基本单位是"对子"（the dyad），即家长和孩子结成对子，或者照顾者和孩子结成对子，以及他们的脑间联结运作，脑间联结影响着孩子各个方面的发展，而它发挥作用的时间长度远超我们的想象。这可能长达几十年，而不是几个星期或几个月，而且这个发展过程是一步一步进行的，并且有很多停滞和倒退阶段。这就是我们的高级大脑回应孩子需求的方式，而这塑造了他的生活轨迹。

回想一下我们在前面的章节中在乐乐身上看到的不匹配的现象：为了发展执行功能他所需要的互动活动与他真实经历的各种互动之间的不匹配。他需要从周围人那里得到回应，这种回应应该帮助他回到平静，而不是被迫安静地坐着或者付出更多的努力。小文身上也有类似的特点。小文不是为了参与社会活动才需要社交技能，而是为了培养社交技能，他需要参与社会活动。

我们都希望我们的孩子在社交上取得成功。为了做到这一点，他们必须能够读取非语言信息，有的孩子在这方面需要多一点的帮助，大人要足够耐心！最终所有的孩子都能学习如何理解社会信息和社会环境。只要他们是冷静和清醒的，何时开始学习"读心术"都是合适的。因此，我们需要辨识社会性唤醒增加的迹象，识别他们的警报何时响起，比如拽教师的裙子。当我们发现这种情况出现时，我们需要通过调整交流节奏的快慢，找到适合他们的速度，缓解孩子的高度唤醒状态，帮助他学习辨识自己何时开始对参与社交场合变得焦虑，并帮助他发展自我调节的策略，使他能够继续参与互动。一个孩子只能在自然的交流过程中才可以掌握他需要的"读心术"，也只有在感到安全的时候他才会自然地参与社会互动。

第9章

共情和亲社会域
更好的自我

    我儿子所在的曲棍球队正在努力取得这个赛季的又一次胜利。萨沙当时 11 岁，是球队的队长。比赛最后几秒钟，他有一个绝佳的机会来结束这场比赛，但是，他却把机会让给了表现很不好的队友，他是为了让这个队友有表现的机会。在驱车回家的路上，我问萨沙为何会放弃这样一个毫不费力的得分机会。毫不奇怪，他回答时略有些不耐烦，声音有点大而且有点刺耳，直到现在仍然萦绕在我的耳旁："老爸，整个队的表现比我的表现更重要。"

    每个孩子小时候都很无私，为他人着想。其实，他们从在母亲的子宫里开始就有这种能力，我们可以感受到，即使是很小的孩子，都会拥抱、触摸别的孩子，和别人共享美食或玩具。研究表明，即使是婴幼儿也可以感知和应对别人的痛苦。随着孩子的成长，你希望孩子学会和别人分享，会想着怎样去安慰他们的朋友或欢迎新来的伙伴，不要总想着自己，能够顾全大局，并且可以尝试去帮助别人。这些行为看起来极其简单。然而，从我们的经历来看，做出这些选择并不是很容易的。

社会科学家喜欢创造一些莫名其妙的术语，"亲社会"就是其中的一个。专家们争论它的意义，而作为家长，你可能一辈子都没有使用过它。作为"反社会"的反义词，"亲社会"代表的是人之所以为人的最重要的方面——善解人意、大方、体贴和大公无私等一些良好的品格。我们希望我们的孩子拥有这些核心品质，只要我们没有看到他们有这种品质的迹象，我们就会感到担心。很少有父母希望他们的孩子长大后对人凶狠、剥削他人或仅为自己考虑。

反社会行为是可怕的，尤其当我们看到青少年由于持枪犯罪和网络暴力，从此人生落得极其悲惨的结局时更是如此。日常生活中，我们经常会见到社会中人们的残酷，对别人的毫不在意，这些现象也同样让人不安：欺凌、自恋和操纵他人的行为，这些行为虽然不是很暴力，但却显示了人们令人不寒而栗的良知缺乏。

即便孩子在这些方面有一些微小的疏忽，这都会引起我们的愤怒。如果这种情况发生得太多，则会引起我们的担忧。这些对于品格和良知的恐惧对孩子的发展有着独特的影响。没有其他域的发展涉及如此多的道德寓意。大多数家长可以接受孩子的社会、情绪或学习方面的困难，而一旦涉及品格问题时，他们会有更深层的本能反应。然而，近年来的神经科学研究表明，被描述为有品格问题的孩子（从对他人不关心或在行为上伤害他人，到撒谎、欺骗或盗窃），经常会有显现出一种糟糕的唤醒调节模式，尤其是在情绪调节方面有问题。冲动、难以调节的负面情绪、注意力不集中、社交智力跟不上，这些都成为亲社会域研究需要注意的核心问题。

棉花糖：独吞或分享

比起其他域，亲社会域无然地对于孩子来说有着更大的压力，因为它涉及一个孩子和别的孩子的感受和需求的冲突。现今一些人仍然持有的传统观点认为，孩子永远不会自发地从自私自利转变为对别人感同身受、为别人着想，除非他们被要求这样做。儿童必须经过意志力的锻炼，学会控制利己的冲动。但是，这是否意味着在自我调节体系的第五阶段或是最后的领域，仅仅是自我控制吗？

相反，这个第五域并不是孩子的自我控制，自我调节体系把亲社会的发展等同于让孩子从小培养共情的能力。正如我们在前一章所了解到的社会域知识，我们是从出生的那一刻就开始渴求拥有社会联系的物种。我们需要联系，才可以生存，孩子们需要亲社会行为才可以茁壮成长。

换句话说，问题不是我们如何把我们的孩子变成一个正派的人，而是我们如何培养孩子天然的爱心和共情的潜质。显然，还有些孩子，甚至是非常小的孩子，他们没有任何这种潜质的表现。自我调节使我们不仅能够理解何时以及为什么会发生这种情况，更重要的是，我们需要做些什么。

我们是关心他人的社会性动物

有人认为，孩子必须学习，如果有必要就需要强制他学习，让他丢掉自己的"原始冲动"，成为一个正派的人。这个观点是 17 世纪英国哲学家托马斯·霍布斯（Thomas Hobbes）提出来的。他提出，如果人类可以回到原始的天性状态，那么就"不会有艺术、文字、社会，最糟糕的是，一直会有恐惧和暴力致死的危险，而人的一生就会变得孤独、贫穷、肮脏、野蛮和短暂。"这种想法表明，为了战胜自己的野蛮本性，人类在法律的约束下起来，如果谁不遵守法律，要么迫使他服从，要么对他施以惩罚、放逐或关禁闭。但是，外界的强制力量只是灌输了恐惧，而不是"共情"。共情是我们物种的天性，只能自然生长，这是一种脑间联结的双向情感交换的功能。

自我调节的关键在于，我们是社会人，并且，我们要成为社会人，大脑就必须具备共情能力。进化生物学家的研究告诉我们，高等的灵长类生物身上都有共情的特质。从生物学角度来讲，这是我们人类遗传的核心部分。对年幼孩子共情的研究也越来越多，研究结果也清楚地表明了这一点，大多数家长和幼儿照料者都曾经看到孩子的某种照料行为。在我们的实验室和临床实验中，我们经常在年幼的孩子，包括婴儿和他们父母之间的交流中观察到这些行为。

当然，还有生物以及社会的原因造成孩子的共情天性无法"茁壮成长"，取而代之的是冷漠倾向的滋生。我们将这些行为描述为贪婪、自私、无情或卑鄙。但同样明显的是，在某些情况下，某种生物机制会激发良知、正直、怜悯、先人后己的特性，这就是我们大多数人向往的"更好的自我"。事实上，所有的迹象都表明，反社会行为是异常状态，不是正常状态；否则，我们的物种绝不可能发展到今天。

研究共情的新视角

亲社会的发展首先在于孩子对共情的亲身体验。即使在行为不端的时候，被爱也是很重要的一点，所以它被列为自我调节的总原则。就像一个孩子通过被调节而学会了如何自我调节，一个孩子通过体验共情来促进同情能力的发展。这种能力对于所有人来说是天生的，但它需要通过经历共情，这种能力才会开花结果。

蕾蕾曾因为她在课堂上的破坏行为而被送到校长办公室，并对校长的话语产生很大的恐惧而不知所措。一旦发生这种情况，恐惧就成为蕾蕾从校长那里得到的唯一信息。这样就会错过了一个机会，这个机会不但可以让蕾蕾学到一些更具建设性的知识，并且可以使蕾蕾体验共情，这种经历会培养她的自我觉察能力和对他人的需求的觉察能力。

真正的共情不仅仅是对难过的孩子给予感同身受的回应。它涉及一个更深层次的理解，是情感上的表现，而不是理性的知晓。我们必须去体会我们自己在这种情况下会是什么感觉，然后找出为什么孩子是难过的，如何去帮助孩子。孩子自己很少会知道他是以自我为中心的，更不用说让他为这种行为做出解释。这是我们大人的事情。

我们绝不能仅仅把共情认为是孩子的内在特点，认为这是一种"品格"，或是一种"气质"。真正的共情是两元的、双向的现象。脑间联结不但包含双方的互动体验，也帮助双方调节共同的情绪状态。当一个孩子难过时，我们也会感觉难过，这时，我们的"高级"大脑会试图找出原因并缓和这种情绪。

一个儿童的发展之旅：从无助到助人为乐

在 15 世纪后期，一部道德剧《普通人的召唤》(*The Summoning of Everyman*)一鸣惊人。它告诉我们的是，在我们的一生中都应该不断地做出努力来抵御各种诱惑。但这个旅程，这种斗争，可以很容易地看作在描述每个孩子从脑间联结的一端到另一端的发展历程：从蹒跚学步的婴儿到思虑缜密的成年人，再到有一天成为父母；从满足自我到满足别人的需要，从被调节到自我调节。

　　这段伴随脑间联结发展的路途坎坷艰巨，崎岖不平，有些冲动可以引诱我们到肆无忌惮的自私状态，这趟旅途不以直线路径进行。孩子们可以在一瞬间具有善解人意的共情能力，而下一个瞬间却又不是这样。这是一个曲折的路线，沿途有各种歧途，我们必须认识到这是很自然的事情，特别是在压力过大的时候，孩子会退回到一个以自我为中心的状态。在许多方面，这是我们的原始防御机制的特性。

　　作为家长，你可能自己也有这种经历。你知道照料婴儿或许会不容易，但这也是非常值得的。悉心照料孩子是父母的天性。父母和照料者以"外部大脑"的角色调节婴儿的状态的时候，得到的回报是：他们的大脑会释放可以触发他们的愉悦、平静和能量感的神经递质。2006 年，科学家发现，付出的行为可以激活同样的脑区，释放这些让人感觉良好的神经递质，这种现象我们称为"助人会让人兴奋"。其他研究也显示，这种状态与助人者的身心健康有关。事实证明，"付出者"比"不付出者"更快乐、更健康，这不仅是心理上的影响，同样也是生理上的。这种积极的感觉来自于中脑边缘系统，很像是对我们的奖励，鼓励我们有亲社会行为。也就是说，我们的大脑不仅"要求"感受别人的感受，而且能鼓励我们帮助他人，并从相互交流中获益。

　　大量研究"社会支持"的科学文献相当明确地表明：我们的社会联系越紧密，我们的心理和身体就会越健康。这里涉及许多因素，包括心理以及生理因素。特别值得注意的是，社会支持还可以降低血压和心率，降低皮质醇水平（应激激素）并提高免疫系统功能。甚至还有这样的发现，人们拥有更多的社会支持，患感冒的概率还会降低。

　　如果帮助别人可以让我们感到快乐和健康，那么，是什么让人对别人不提供帮助和关爱呢？我们拿过度紧张的照料者为例：为什么有的照料者会回避甚至伤害孩子呢？迄今为止，对于这个问题，我们已经在本书的每一章给出了回答。问题就在于压力过载。照顾婴儿的照料者若不能处理自己的压力，就会发现不能承受孩子的痛苦情绪。而且更糟糕的是，他无法理解也无法承受孩子的压力。总之，催产素不足以阻止他进入"战或逃"的状态。

　　极度痛苦的照料者可能会觉得孩子的行为简直难以忍受，同样，也有些孩子会觉得别人的痛苦让他难以忍受。这强调了自我调节的亲社会域的根本问题：探究为什么广泛的充满共情的社会关系对于一些孩子来说是舒适的，而对于其他孩子却不是这样，以致他们会对此敬而远之。

压力和"社会脑"的失调，以及亲社会行为

　　孩子可能会觉得这个发展过程困难，这里有很多原因。从生物学角度来看，有些孩子在出生时能量就不足，边缘系统更容易进入唤醒状态。对于有些孩子，早期或许就有了与别人相处困难的体会——这会启动他们的报警系统。无论哪种方式，他们都长期处于过度唤醒状态，在这种状态下，欲望和冲动加强，而社会意识和自我觉察下降。在这种情况下，孩子会发现无法他人分享也不可能共情，甚至无法与他人交流。他可能会变得过于敏感，以至于他发现内部和外部信息都难以承受；他也可能变得很迟钝，对自己身体的感受都很麻木，并且对周围的人的行为感到困惑。在这种状态下，他会发现别人的唤醒状态对他会有压力，于是他很容易进入"战或逃"的状态。

　　换句话说，除了我们在前面的章节中提到的生物、情绪、认知和社会压力之外，来自于亲社会域的压力还有很多。面对他人的压力或者别人期望我们做到先人后己，这些对于我们来说都是压力，有时候压力很大。不足为奇，一个长期处于低能量／高紧张状态下的孩子会感觉这种压力难以承受。为一个自我调节不良的人付出，是一件非常消耗精力的事情。

　　正如"战或逃"的状态会影响我们的新陈代谢和免疫系统一样，它阻碍我们的"社会脑"中理解他人和与他人沟通的系统，它还会关闭使我们体验共情的特定系统。我指的不仅是我们会受到别人感受的影响，同时意识到我们会受到这样的影响，也会产生同样的后果。发生这种情况时，原始的系统会开始掌握主动权并运行起来。对于压力过大的父母，这些原始系统会把婴儿的哭闹认为是一种威胁，对于孩子太过自我的行为，他们会感到心烦。

　　处于相同压力循环内的孩子，会认为另一个孩子的行为是一种假想的威胁，大人的愤怒回应对他们又是一种额外的威胁。

　　这种过度紧张会从两方面影响他的行为：首先，过度紧张会启动负向的边缘系统的冲动，触发战或逃的状态。其次，他的前额叶的抑制能力会受到削弱，社会理解能力也会减弱。他不仅会对你充耳不闻，并且他的生存大脑也会同时关闭其他系统。对于任何人来说，我们进入战或逃的本能反应是回避社会支持，撤退到一些"洞穴"里，然后慢慢恢复能量。

　　在亲社会域，往往当一个孩子与他人一对一交往或参与集体的社会互动的时候感到困难，就会出现自我调节方面的问题；同样，孩子参与一些具有不良品质的团体的时候也会有这种问题。在亲社会域出现问题往往就会预示着孩子在另一个域也会出现问题。然而，通常孩子的行为来自于自主神经系统，这个系统由于很多原因已经处于超载的状态。图 9-1 是我们画出的完整的五域压力循环图。

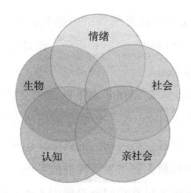

图 9-1　乘数效应：五域压力循环

对于一个孩子来说，从"我"到达"我们"的脑间联结过程，并不是简单的认知过程，并不只是了解别人的想法和感受，或明白如果他不学会控制自己的冲动，就会造成别人孤立他的结果。亲社会域的共情培养和表现形式，首先依赖于自我调节：学习如何在别人有压力的时候从容面对。也就是说，为让脑间联结得到进一步深化和发展，孩子必须学会如何在自己面对别人的低落情绪时能够保持平静。

共情的双人舞：从"我—你"到"我—我们"

儿童可以体验更深层次的共情能力是与生俱来的，但是这种能力不会自己发展。这是脑间联结在起作用。在孩子的社会关系扩大之前，有很长一段时间，他通过与父母或照顾者的互动交流学习共情。这使我们在应对他们缺乏共情能力的时候的反应至关重要，尤其是当他们因不堪重负而表现出攻击行为或逃避行为（心理上或者身体上）的时候。

每当这个时候，也许父母会对孩子的行为感到生气：这是一种原始的反应，负责这种反应的脑区不会区分自己的孩子和一个陌生人有什么不同。孩子的问题在于他的大脑也会做同样的反应，把我们生气或负面的反应认为是一种威胁。更糟糕的是，这威胁来自于他信任的父母、照顾者或教师。如果父母或其他人由于孩子缺乏共情而时常惩罚孩子，在他们本来需要安慰的时候却大喊大叫，在孩子需要下调唤醒度的时候让事态升级，随着时间的推移，这不但不会让孩子学会关心别人，反而会让孩子具有反社会行为倾向。这种负面的影响很早就有显现，在某些情况下，甚至开始于孩子学会走路之前。

和睦与安全：自我调节、成长与共情的基本需求

语言和我们的日常表达方式的发展过程，揭示了我们人类作为一个社会物种，具有亲社会的特质。我们与别人打招呼，会使用一个温暖的"你好"、一个微笑、一个握手或一个拥抱。这些交流方式能传达友好的意图，并希望对方和自己有一样的感觉，产生一种共同的安全感。这些表达安全或者威胁的社会习俗并非是人类所独有的，但它们却提醒我们需要共同的安全感。共情，使这一切成为可能。

从霍布斯对于人类野蛮本性的观点来看，共情是一种神经学家所称的经验依赖性现象。这种想法认为，孩子本质上是纯粹以自我为中心的，通过培育和管教孩子，你会改变他的天生的大脑工作方式：在自私的大脑里面增加亲社会的神经通路。自我调节将共情看作神经学家所称的经验期待性特质。也就是说，孩子的大脑已经做好了共情的准备，这种能力会在人类演化过程中代代相传的养育行为的作用下发展得更为广泛和根深蒂固。

　　共情和自我调节之间的联系更深。孩子不只是在生物学上有共情的倾向，而且为了自我调节，孩子也的确需要有共情能力。这不仅仅是指，孩子需要别人意识到他的苦恼并且给予积极反应，同样重要的是他也需要去帮助别人。但有时需要别人共情的需求变得非常强烈，会压倒、甚至阻碍去帮助别人的本能。

　　我们需要在与别人相处时感到安全，这种需求如此之大，它甚至支配着我们对自己孩子的态度，即使当他们是婴儿的时候。我见过照料者在婴儿突然发脾气的时候显得很生气，这是一个自发的、内在的反应，它是突然性的，完全是非理性的。那时，家长可能忽然大脑短路、夺门而出、大喊大叫，或在很极端的情况下，会伤害孩子。他们随后会责备儿童，他们认为，这一切都是孩子的错，孩子应该学会更多的自我控制，或者认为孩子总是很自私或被宠坏了，他们这么做都是为了孩子好。

　　问题很大程度上在于，是别人的愤怒或充满压力的行为会自动触发我们大脑的杏仁核。我们有这样的反应，不只是因为我们的杏仁核突然被唤醒，也是因为我们的社会大脑和孩子的亲社会大脑需要别人给予安全感。

　　脑间联结发展的过程，涉及学习如何应对别人带给我们的恐惧或愤怒，学习除了应对自己的恐惧之外，如何应对别人的恐惧或愤怒。学着当一个陌生人看起来心情不好的时候对他微笑、当孩子喊叫的时候抚慰他、当孩子需要降低唤醒度的时候放慢和减轻自己的语气和手势。在突然的怒火中，我们退回到一个纯粹的以自我为中心的状态，共情能力就会消失。此时我们考虑的就只有我们自己的苦恼和需求。

　　当我的孩子还小的时候，如果他们做了让我生气的事情或说了些特别伤害人的话，我就会突然发火，作为父母，本能地就开始责骂："你怎么能这么说？"这种责骂会愈演愈烈，直到我的妻子温柔地（或不那么温柔地）让我去另一个房间，冷静下来。我会怒气冲冲地坐在那里，直到我的前额叶皮层恢复到工作状态，我才开始思考这一切到底是为什么。当我完全平静下来后，我就能回去亲切地面对我的孩子，抚慰孩子的情绪。这个时候，孩子的情绪已经发展到极点，他们的整个身体和面部表达呈现出极度的愤怒、恐惧，完全处于崩溃状态。

正如我们在前面的章节中提到的陈莉和她的女儿西西，西西需要母亲的抚慰和触摸才能平静下来，这是一个纯粹的共情回应。没有那么多的话，并且通常不需要语言。相反，环绕肩膀的手臂、一个温柔的轻拍或背部的抚摸，伴随舒缓的节奏，就是简单有效的安慰。这就是共情的本质：纯粹的右脑对右脑的沟通，我们让我们的孩子觉得我们不会在他们需要的时候抛弃他们。我们这样做是激活处于他们边缘系统的深层记忆，那时候他们还是婴儿，是父母的触摸或声音为自己赶走了恐惧。孩子不但会在这种方式下感到平静，而且他们心情平静下来之后，会重新回到交流和互动中来，并且在感受到共情的时候，向你给予共情。

共情需要在一个善解人意的氛围中成长

我在这本书前言里提到过一个小男孩儿，人们形容他的父亲和祖父为"坏到家了"，他着实表现出了亲社会域内的问题，仿佛延续了他的家庭传统。还在上幼儿园的时候，学校处分他停课已经两次了，都是因为动手打其他的孩子。他是个块头大的孩子，完全有能力恐吓他的教师和同学。显而易见，他的问题引起了大家的担忧。

有一次，我参加一个讲座，期间有个演讲者试图证明基因决定命运这个话题。在播放的视频中，我们看到一个三岁的孩子恶毒地用拳头连续击打他的小弟弟。正是那种行为让你觉得，至少有一些孩子"天生就不好"，并且，如果当他们小的时候还不改正，必然会导致他们在之后走上反社会的道路。我感到仅仅是我们的这种反应就已经非常令人担忧了，因为它会导致我们正在努力避免的后果。

　　当我看到这段视频时，我不知道攻击的原因是什么。是因为新的婴儿得到的关注多于哥哥吗？这可能是因为他的弟弟入侵了他的个人空间，哥哥又缺乏语言来表达他的愤怒，他才会这样发泄出来。正如我们所看到的，压力和其他原因造成的焦虑水平过高，就可以触发这种行为。

　　或者他只是唤醒度太高？我的脑子里全是问题，很多问题。但我确信一件事，基于广泛的研究和临床经验，没有哪种伤害别人的冲动是与生俱来的。然而问题是，这样的一种冲动，它的滋生取决于其他人尤其是成年人回应孩子的情绪爆发的方式。更糟糕的是，如果孩子始终受到威胁，并遭到身体或心理的伤害，他会很容易地对于比他弱小的人采取同样的粗暴方式，并且会感到一种非正常的愉悦感。研究表明，长期的欺凌行为会导致对多巴胺的敏化作用，引发越来越多的侵略行为，以获取同样的神经化学物质的"奖赏"。所以，暴力电子游戏也是令人担忧的，色情内容也是如此，因为它们不断增加刺激，仅仅是为了保持多巴胺的产生。

　　欺凌已经受到越来越多的关注，正因为如此，美国和加拿大的学校已开始创设"安全学校"。保护无辜者免受欺凌不只是人类的自发需求，而且还是生活必需。欺凌会伤害到所有人。不只是受害者，还有欺负别人的人以及周围的人。然而危险的是，学校和社区创建的"零容忍"政策，主要用于惩罚目的，这种禁止欺凌的方式并不能从根本上解决问题。它只会进一步孤立有问题的孩子，不能创建基于共情、为成长创造条件、有利于每一个孩子的环境：包括欺负别人的和受欺负的孩子。

加拿大广播公司在 2004 年发行的优秀纪录片《生命力十足的孩子》展示了一个反欺凌的气氛应该是什么样子的。它讲了一位日本教师金森俊郎（Toshiro Kanamori）的故事，他帮助他的四年级学生表达出深层次的压抑情绪并相互扶持，尽管这个过程有时候会很痛苦。这个故事描绘了一群人的共情经历，以及大人需要如何为孩子创造环境，这样孩子们就可以互相帮助，让彼此感到身心安全。和我们自我调节学校倡导组在每一所学校和每一个班级里发现的相似，这个四年级班级所表现出来的特别引人注目的一点是：每一位孩子都非常需要这样的经历，而不只是那些情绪问题突出的孩子。

核心：亲社会成长

如同其他域一样，亲社会域的自我调节也涉及孩子的成长。在亲社会域，我们自然认为这涉及我们内部道德品质的培养，这也是正确的。为了使道德的培养成为可能，孩子的脑间联结必须得到发展，这就意味着孩子需要在和越来越多的同龄人或者大人在一起的时候感到安全。

孩子的成长旅程，是从娇生惯养的小家庭走向大的人际交往领域的过程。今天，随着技术的发展，地球村的出现，这个范围包括朋友、同学、社区和整个社会。但是，只有他在这些更大和更复杂的社会环境里感到安全和有保障，孩子的脑间联结才能得到生长。这意味着孩子需要与他人建立信任和支持的关系，意味着孩子需要识别他人的希望和担忧并做出回应，这意味着他要关心他所在团体的所有成员，不管是多大的团体，而不仅仅是只关心他眼前的事情和人。

自我调节是成长必不可少的部分，通过自我调节，孩子能够从以"自我"

为中心的状态转换到以"我们"为中心。只要冷静而专注，他就可以更舒适地与他人交流、识别社交线索认清他们的需求，在必要的时候，不只是可以做到延缓个人欲望的满足，而且会暂时放弃自己的需求，先满足别人的需求。这一点和棉花糖任务更相像：抑制想吃自己面前的零食的欲望，让别的小朋友也能吃到。令人吃惊的是，研究表明，即使是老鼠和猴子也可以做到这一点。

如果你的孩子容易分心、对学校和家里的紧张气氛感到焦虑、因与朋友闹僵而感到难过，或承受不了学习的压力，那么他会觉得很难做到顾全大局或者照顾到他人的需要。当孩子筋疲力尽、并因此变得非常暴躁和烦躁不安时，他需要的是静躺、平静情绪、恢复能量，而不是听父母发表意见或接受惩罚。这同样适用于反社会行为。是的，他需要我们告知他的所作所为是错的，以及原因是什么。但要注意的是，我们需要坚定而耐心，并且一定是在他愿意倾听的时候再说，这一点最重要。

通常情况下，这意味着要让孩子处在一个安静的环境中，在那里他能下调自己的唤醒度。这里我想强调一点，这里需要的可不是关禁闭。我们谈论的是一个他能够感到安全的空间，因为只有这样，他才能下调自己的唤醒度。还有，不要急于谈论事情本身，有时你可能需要等待 24 小时，孩子才会准备就绪，可以谈论这个事情。更重要的是，你需要认识到，让孩子理解所有这一切是非常困难的，更不用说让他解释"发生了什么事"。

孩子越擅长在其他领域的自我调节，他与其他孩子相处时的相互调节就会越熟练，也会更了解其他伙伴的需求并做出更有效果的回应，他才会有更多的能量来超越自己的需求，做到关心集体的其他人。在这个方面，孩子不需要大人不停地说教，他们需要体验，并且练习学会倾听、提出想法、帮助并尊重他人。在家里也是一样，孩子正是通过相似的方式学到一种观点是重要的，在现实生活中举足轻重。在这里我们讨论的重要的观点就是共情，就是我们如何对待别人。这包括朋友、家人、学校里的新同学、教师或我们在日常生活中遇到的陌生人。真正的共情是包罗万象的。每一个人都很重要，没有一个人是不值得给予共情的。

作为家长，你可以为孩子奠定共情的基础。你可以身体力行，告诉孩子它是一个对你很重要的价值观。请不要有误解，亲社会行为是来自于孩子的价值观的，并不是虚假的、为填充大学简历而进行的利己行为。只是为了获得竞争优势，或为了让他们自己（或你）脸上有光而进行的社区服务只会使孩子变得更加愤世嫉俗。孩子们不会上当，但他们总是喜欢接受真正的共情体验，在任何年龄这样的体验都会给孩子留下深刻的印象。

"要赢：不惜一切代价"，成本太高

在这一章开始时，我们讲到了曲棍球比赛。当时我很沮丧，莎莎没有去争取很容易的得分机会，这个情景老在我脑海里闪现。我怎么会错得那么彻底呢？像许多其他曲棍球队员的父母一样，如果我自称在当时的场合下有点头脑发热，那这就是一种逃避责任的说辞。但问题是为什么，为什么我们父母会变得如此激动，以致我们可能会阻碍孩子的亲社会发展？

现在，孩子的生活的许多方面都充满了竞争。他们必须在所有的方面都要参与竞争：学习、体育、音乐、美术、社会地位、线上还有线下。一遍又一遍，他们听到的信息是，你只能打败别人才可以成功。而这种比赛开始得又出奇的早，父母们对于孩子的预期展望雄心勃勃，这早在孩子上学前就开始了。这种长期竞争压力的负面影响非常令人担忧。近年来的研究表明，过分注重成就和地位的最大化，会阻碍孩子的共情和亲社会发展。尤其是"出身优越但又有压力"的青少年，他们会把成就内化为核心价值观念，在没有爱、没有父母支持、缺少共情和亲社会价值观的情况下，他们出现抑郁或其他精神健康的问题的概率更高，他们吸毒或酗酒的可能性也更高，会更有可能具有反社会行为的倾向。

在我们人类演化历史的大多数时间里，对于儿童和青少年来讲，父母和群体担任着减缓他们的压力的作用。从刚开始孩子与父母的交流，到后来他们的脑间联结逐渐适应了较大的集体——"我们"，父母是孩子的第一个也是最有力的合作伙伴。但是，如果父母的行为具有相反的作用，极大地加重了孩子的压力负荷，那么孩子在参与正常社会交往和亲社会活动的过程中会面临更大的挑战。如果他用行为表达他遇到了困难，但我们误解了他并且把这归咎于糟糕的品格或不良的基因，那么我们就已经选择抛弃了他，这样会让他处于非常孤立的位置，他会忍受苦难的折磨，而当初，我们曾经多么希望能引导他远离这些痛苦。

记住，大脑中有一个自我调节的"开关"，它可以让我们远离反应过激或分心，逐渐找回开放的自我觉察，这能唤醒"更好的自我"——最具同理心的自我，我们只需做几次深深的腹呼吸。特别是当你感到压力飙升的时刻，你可以有意识地练习"扳动开关"，去感觉肌肉的张力、你的呼吸和其他反应。这种自我调节练习能缓解压力，让我们平静下来，立即恢复能量，帮助我们与他人恢复交流，甚至帮助他人也做到这一点。曲棍球比赛结束后、我言语傲慢的那天晚上，儿子的话启发了我。回忆当时，我意识到我当时压力太大，我过分急于想让我的孩子在比赛中表现突出，竟然无视他的需求。即使是在竞技场上也应该关注共情，我的儿子知道，而我却忘了。

我们的孩子教育了我们，而又求助于我们

我们总是很容易想到或谈起那些让我们烦心的事，尤其是关于我们孩子的事。但是，当我请父母们回忆一下，是否曾经发现他们可以通过孩子的眼睛从新的视角观察周围的世界，并且在很大程度上被孩子触动过、惊叹过孩子的超常能力，或者孩子从道德上挑战了我们过时的观点？很多人都承认有这样的经历。这或许只是源于一次安静的睡前交谈、一次散步或某一个时刻，他们的孩子帮助他们打破了一个陈旧无用的模式，并为他们展示了问题处理的新可能性。孩子们就像风弦琴，从我们的丝丝情感中找到了共鸣。

我女儿萨米六岁时，有一天，我们走在街上。一个乞丐走近我们，问我们能否给他点零钱，他好吃顿饭。我笑着摇摇头，喃喃自语道"没有"，然后继续往前走。走了没几步，女儿拦住了我，她双手插在腰间，问道："你为什么要这么说，爸爸？我知道你的口袋里有很多零钱。"我解释说，他或许会拿着给他的钱去喝酒，我真的不想让他因为我给的钱而去伤害自己。"但是，爸爸，"她反驳说，"难道你忘了卢克·布莱恩（Luke Bryan）吗？！"

那年夏天，我们两个在听布莱恩的新专辑。我们都认为我们最喜欢的歌曲是《你不了解杰克》这首歌。歌曲一直重复演唱着和标题一样的歌词，意思是我们往往根本不知道别人的现实生活是怎样的，尤其是当我们对他们有成见的时候。用这首歌来演绎这种情况，就是一个乞丐的悲惨生活，充满了羞辱和痛苦，妻离子散，喝酒已经让他和他的亲人付出了惨痛的代价，让他忍受着路人的评头论足，就像我这样的路人。

我们刚走过乞丐，他放在人行道上乞讨的帽子，我嘟囔着说"没有"，这一切都还在我的脑海里。这时，女儿转过身对我说："你不知道杰克的生活，爸爸。也许他真的只是想得到一个汉堡。"女儿这句话完全把我惊呆了。

不管她是不是正确，我可能给她很多关于共情的说教，还有很多旨在提升孩子人性发展的课程，都没有我用自己的行为带给她的课程印象深刻。于是，我给了她一张五美元的钞票，让她放在他的帽子里。她站在那里，趁他不注意时，把钞票卷起来放进帽子就飞快地跑开了，他甚至都没有注意到她。

孩子为我们提供了一个极好的机会，来促使自己到达人性发展的最高水平。通过他们，我们可以有一种全新的体验，并且反思自己。这不再是为他们提供生活所需或为他们提供保护。通过他们的眼睛，我们可以看到自己在某些方面也必须成长。所以，当我们谈论亲社会发展的重要性的时候，除了孩子，也在说我们自己；的确，我们和孩子有着千丝万缕的联系，我们互相扶持，帮助对方到达人性发展的下一个阶段。我们从彼此身上学会了共情、慷慨和善良。

人人为我，我为人人：棉花糖和棉花糖之外的更多东西

关于亲社会的定义，我们可以很轻松写一整章文字：事实上，两千多年来哲学家们的确一直在做这个事情，科学家们也一直在为此努力，现在还是如此。直觉上，大家都知道什么是"亲社会"。我们希望帮助孩子培养这种具有共情的内在特质。如果没有这一部分，我们曾研究的"冷静、专注和警醒"所涉及的四个部分——四个域——是不完整的。冷静不只是在放松、有意识的状态下享受当下，也许最重要的是第五个元素：亲社会域。

一位教师与我们分享了一个故事，这是来自于她所在学校的自我调节项目的真实故事。那是一个特别的日子，她打算重新为她的二年级的学生布置棉花糖任务。她已经拿出了棉花糖并准备讲规则，但是她突然有事去办公室了。她把盛有棉花糖的盘子放在桌子中间，告诉孩子们不要碰然后她就离

开了。孩子们都围着桌子，如痴如醉地盯着这盘大餐，他们没有去拿棉花糖，却开始互相帮助去抵挡棉花糖的诱惑。一个小男孩发现这对于他有点太困难了，他拼命想去抓盘子。其他的孩子没有允许这种行为，或联合起来对付他，他们都纷纷前来帮助这个男孩。他们鼓励他、分散他的注意力。最可贵的是，他们发现他最后能够抗拒这种诱惑的时候，竟然为他欢呼喝彩。当教师回到教室后，盛着棉花糖的盘子还和以前一样，孩子们喜气洋洋地等待着，那个兴奋的小男孩儿迫不及待地与她分享他成功进行自我调节的故事。最能说明亲社会行为的是，这些孩子为了他们的共同目标彼此支持、努力帮助他们当中最需要帮助的孩子。

这也许就是涉及自我调节视角下的亲社会行为的终极转变。这完全不是一趟所谓的学会"控制自己的内在天性"的旅程，更准确地说，在这趟旅途中，孩子们学会了如何满足他们内心深处的需求，也包括回应别人的需求。关于社会支持的研究很清楚：当我们拥有社会联系的时候，我们恢复得最好。自我调节帮助我们关闭孩子的报警系统，并教他如何自己做到这一点。这也就是为什么点燃孩子们拥有、发展密切和有意义的友谊的愿望，帮助他们获得相关的技能如此重要的根本原因。我们在别人的陪伴下获得能量和恢复精力，同样，对方也会发现我们的陪伴会带给他们内心的平静。其益处是即时存在的，对自己和别人，对个人和团体都是这样。

第三部分

在压力之下的青少年、诱惑与父母

父母的挑战在于，他们需要在青少年需要
帮助的时候给予指导，还要给孩子留有足够的空
间，就如我们在这一章所说的那样，让青春期的
发育过程自然进行。

第 10 章

青少年的优势和问题

上周五晚上，我的东道主想给我一次"真正的得州体验"，他们安排我在最后的大师班之后看高中橄榄球比赛。在达拉斯，大卫·卡特高中队（David W. Carter）对阵贾斯汀·金博尔高中队（Justin F. Kimball）：这是一场很有看头的对抗赛。他们告诉我，人们从四面八方涌来看比赛。我很感兴趣：这里的少年，速度快、纪律严明、身体强健。所有对垒都是十几岁的青少年。也有成年人在场上、场下指导和监督他们（事实上，对他们大喊大叫）。但是，成年人在距离和穿着上都是和他们训练的队员区分开的，他们身穿马球衫，而不是队服，他们在场边相对安全的地方观看。

球员们冒着很大的风险，努力展示着与他们年龄不相符的惊人技能。他们凭本能冲动行事，尽管这也是长期训练的结果，但依然是冲动。他们在体能上挑战自己、尽自己最大的努力，同时保证肢体冲撞都在公认的游戏规则之内。

他们彼此密切配合，全身心地为了赢得比赛的共同目标而努力。其中有一些更微妙的事情：当其中一个队员出现了失误时，另一个会尽力为他打掩护。有一次，当一名球员临场对情况误判，导致另一球队得分后，他的队友拍了拍他的后背和头盔，说着鼓励他的话。换句话说，他们的直觉反应是激励他继续努力，而不是惩罚他。

中场演出一样令人着迷。大卫·卡特乐队走上场，表演了一些音乐舞蹈作品，展现出了惊人的技巧和表现力。啦啦队也展现出同样的热情和团队的整体力量。这种精神具有相当大的感染力，感染了观众席上的观众和赛场上的孩子们。

看台上坐满了成年人和学生们，他们为队伍喝彩，就像那些为了赢得比赛而奋斗的青少年们一样，他们也精神抖擞、兴高采烈。他们努力为自己的英雄喝彩、激发他们的斗志，同时自己也更兴奋。如果你亲身经历过就会发现，这不仅仅是一场足球比赛，这是最原始的东西。

没有什么比高中橄榄球赛更可以显现现代的文化了。尽管这样，我们还是可以通过它洞察到更古老的东西。正如我将在本章中解释的这样，在许多方面，青春期都是进化过程中的一个谜一样的阶段，这是一个在生理上和社会性上都非常不稳定的阶段。如果你有一个十几岁的孩子，你可能会赞同青春期就是考验人们耐力的时期的说法。但是，既然自然界给予了人类青春期阶段的发育，这一独特的阶段就必然有更多的意义。

有了一个共同的目标，世界各地、任何一个角落的青少年都会互相激励、支持，互相帮助。这提醒我们，从进化的角度来看，青少年总是要投身于某些使命中去。碰巧的是，早期人类到亚洲和欧洲的大迁徙，即所谓的以直立人为首的"走出非洲"的旅程，一些灵长类动物学家认为这一事件出现的时间与第一块人类青春期的化石出现时间相吻合。有一种解释是这样推理的，这两起事件有着紧密的联系。青少年内心焦躁冲动，有超强的力量可以忍受身体长时间的疲惫，生理上的变化会影响他们对风险的评估或者会使他们对风险产生误判，这让他们走上了冒险之路。也许成年人会为他们喝彩，就如同在卡特与金博尔橄榄球比赛中，父母为孩子们喝彩一样，激励他们前行。

凑巧的是，青少年和成年人对于如何评估潜在的回报和风险之间的平衡有着显著差异。人们很容易想象到：直立人的父母很可能一直都不愿意搬家，宁愿最大限度地挖掘他们所在居住地的能源，尽管那里的食物在减少。一些古人类学家在揣测，那些十几岁的孩子或许是大胆的冒险家，要去搜索新的土地？或许他们愿意尝试新的食物，并且开发新的工具来获得食物？在父母睡觉的时候，他们又宁愿担任哨兵？

无论怎样评价，青春期都是人类发展的一个独特阶段，它与前面依赖性强的儿童期和之后的往往较为稳定的成年生活有着显著的不同。这个阶段有着无比丰富的资源但又有着潜在的危险。成为近年来一个主要话题的正是后者，即青春期的阴暗面，在这里，自我调节发挥着特别关键的作用。

折磨和动荡：目的是什么

安吉瘫坐在椅子上，几乎没有说话。14 岁的她很瘦小。尽管她神态懒散，但她穿着很漂亮。很明显，她关心她的外表。她的学校和家庭背景表明，她所处的环境优越，她是一个稳定、充满爱的家庭中的一个聪明的孩子，那种你认为她们应该充满自信和乐观的孩子。但事实并非如此。到办公室对于安吉来说是相当艰巨的任务。她觉得很难来找我们，每天的每一件事对她来说都很难。每天醒来时她希望这一天将会有所不同，但结果几乎还是一样。她发现哪怕起床也是对惯性的一场战斗，更别说探索新事物了。她穿衣服和吃早餐也是如此。她告诉我她有一些亲密的朋友，但是大多数日子里也没觉得想与他们联系。她不能说清楚为什么这一切是如此的辛苦，为什么只有她觉得几乎每天都这样。

在这方面，安吉并不孤单。远远不只有她一人如此痛苦。

例如，在 2013 年 2 月，多伦多教育局，加拿大最大的教育机构，发布了其 2011~2012 年学生的调查，这是加拿大有史以来进行的最大规模的调查，并且是首次关注了焦虑的发生率。多伦多所有七年级到十二年级的学生，总数在 103 000 之上，近 90% 的学生都参加了调查，他们的调查结果震惊了全国。

七八年级中超过一半的学生（58%）报告说，他们会没有任何原因而觉得疲惫，而注意力集中有困难的学生占 56%；76% 的九至十二年级学生报告有这种问题。40% 的七八年级学生和 66% 的九至十二年级学生报告说压力很大。而最令人担心的是：63% 的七八年级学生和 72% 的高中学生表示，他们经常或总是感到紧张或焦虑。

这些统计资料告诉我们，孩子们是如何看待自己的。在调查中，他们用熟悉的语言阐释自己的感情，但这也不一定是他们的真实情况。许多人从来没有体验过"平静"，但自己并不知道。孩子们经常不能准确地知道他们的感觉到底是什么，也不能解释为什么他们感觉不好，但他们会开始用药，会从柜台买非处方药治疗头痛、肠道或失眠问题。还有的孩子长期焦虑，导致他们喝酒或使用其他药物，使问题变得更加复杂。其结果是家长和教育工作者越来越多地开始担心他们所看到的、持续增长的严重的青少年身心健康的问题。

我在美国和加拿大的工作过程中，教师和管理人员告诉我，他们看到一个严重的问题，就是心理问题严重的青少年越来越多。我们诊所的来访者也有类似的年轻化趋势，我们接触了越来越多像安吉那样的孩子，在焦虑或抑郁中痛苦挣扎的青少年。用美国国家卫生研究所的研究组长菲利普 W. 戈尔德的话说："抑郁，就像一种自身免疫反应，代表了一种失调的适应反应——一种歪曲的应激反应。"

我们还看到越来越多的问题少年，他们不会控制愤怒、具有反社会行为、盲目的冒险行为、吸毒、酗酒、赌博和色情成瘾、故意伤害自己、进食障碍、睡眠障碍、体象障碍。这比德国浪漫主义者描述的"大动荡"时期还要混乱得多，使许多青少年进入"痛苦和混乱"的时期。

所有这些心理和行为问题，可以比喻成一个发动机燃料耗尽的问题。但这并不是说能量储备耗尽是所有这些问题的原因。在许多情况下，这是问题的后果。社会、情绪和学习问题是耗尽他们的能量储备的潜在压力。但不管什么原因，我们所看到的每一个有这些问题的青少年，都是身体处于低能量但紧张度极高的状态，这种能量 / 紧张度比是严重失衡的。大脑在这种状态下的自然反应可能会使问题进一步恶化，大脑会让青少年在最需要运动的时候不要动，或者告诉他在需要休息的时候继续运动。

但是，究竟为什么这些问题会困扰这么多的青少年呢？从某种程度上讲，所有的青少年都会遇到成长中的问题，这是因为从童年到成年的过渡期的变化对孩子的能量的要求是巨大的，孩子还需要从以父母为主的调节方式转换到同伴相互调节和自我调节阶段。正如我们前面所看到的，如果从进化论的角度来讲，青少年的行为有其存在的原因，为了理解为什么今天这么多的青少年遭受这么多的痛苦，我们可以在造成现代世界和更新世时期形成的生理特征之间的根本冲突的原因中找寻线索。用彼得·格拉克曼的话来说，这就是"错配"，它造成了青少年过度的压力，在青少年精神和身体的健康问题中有很大的显现。

之前的青少年和今天的青少年

青春期开始于 10～12 岁，期间伴有 "青春期前大脑爆炸式发育"：强劲的神经生长、突触修剪、髓鞘形成，以及脑内结构变化。换句话说，就是大脑内部的一个大范围的颠覆性布局。这种自然现象，彻底改变了孩子的大脑工作方式。一些功能会减缓，还有些功能会加快。这不只是在给大脑做一些维修，而是不折不扣的大脑重组。

童年时期，大脑生长的速度惊人。到六岁半时已完成其生长的95%。在此期间，孩子的核心感觉、运动、交流、情绪、社会和认知过程都变得稳定并紧密相连。童年的这个阶段末期，七岁左右，大脑就处于一种高度稳定的状态。那么，为什么这种状态维持二三年之后，自然界又决定让其突然变得不稳定呢？就像终于完成了一个大拼图，而自然界决定把图片都倒进袋子，从头再来一样。

从生物学方面来看，这不是青春期唯一令人困惑的事情。对于大多数哺乳动物来说，都存在一个从童年到成年的无缝过渡时期，在青春期，生长率实际在下降，逐渐达到成年期的稳定状态。我们人类发生的情况正好相反，我们的青春期特征是快速的井喷式的显著生长，每个十几岁孩子的家长都知之甚详。女孩和男孩的体形、块头、感官和敏感度，这一切的生长过程都突然加速了。

我们都知道、并且想当然地认为，这种井喷式的生长是依赖于青春期性激素的释放。但同样令人费解的是性激素是从出生就有的，为什么不能像大多数其他哺乳动物一样缓慢和逐步地成长呢？为什么在青春期突然分泌雌激素和雄激素，使青少年陷入混乱呢？为什么突然改变肌肉到脂肪的代谢？这些变化是否在帮助孩子为某些大事做准备？我们大脑的能源利用效率也随之变化，这一切早一些开始不是更有意义吗？为什么褪黑激素的分泌会发生转变，进而大大改变青少年的睡眠模式呢？为什么极端躁动后会彻底崩溃呢？

也许最令人费解的是：为什么大脑的"奖赏系统"会发生重大变化，以致对青少年的冒险行为有如此深刻的影响呢？

所有这些问题的答案是：青春期标志着我们的物种为了二次晚熟的生长特点带来的优势所必须要付出的代价——在那漫长而无助的婴儿期，人类的大脑却在显著地生长。下面我来解释一下。

青春期标志着从一种社会功能的模式转变成完全不同的另一种：在本质上，这是从童年的父母主导模式到青春期的同龄人的组织模式的转变。一个十几岁的孩子在"脑间联结的旅程"中的这个阶段，更倚重于他的朋友而不是他的父母。这就是他们在青春期变得更容易受到同龄人的影响的原因。孩子从他家庭的狭隘和局限的保护区过渡到属于他的群体的真实世界。在那里，他终其一生都必须参与竞争和合作。重要的是，如果孩子要结束漫长的童年、要成为一个独立和自给自足的成年人，基于这个目标，我们就会理解："青春期前大脑爆炸式发育"是大自然强迫孩子走出家门的方式！

大家都知道，冒险也是进入青春期的标志。管理这些危险冲动的神经系统依然在缓慢发育。借用一个非常贴切的描述，青少年的大脑就类似于缺少经验的司机在开 F1 赛车。这个比喻还能更进一步：就像一个十几岁的司机带着一帮同样十几岁的伙伴在车上，青少年有一个很容易分心的大脑，指挥他开得再快一点、开得再远一点，但同时车内却没有速度表或燃油表，或者没有侧视镜或后视镜。更糟糕的是，他不喜欢听他的驾驶教练唠叨他变更车道前要注意他的视区盲点。

说话和不说话——对我们的青少年

我与安吉交谈时，我最不愿说的是：她需要"振作精神"，为了生活做出更多的努力。即使是每天的起床，她都是在战斗，为了完成最基本的日常任务，她也已经做出了非凡的努力。她迫切需要的是要感觉轻松，而不是在起床时感到困难。对她解释说她不应该感到恐惧，或者告诉她，她是拥有一切优势、生活很顺利的孩子，这都对她毫无意义。这些都是她的父母曾经试图去做的事情，都是无济于事。

我们倾向于和青少年谈话解释，或许特别对青少年时期的孩子，因为我们相信他们长大了，他们可以理解他们是多么不理智，或者他们需要怎么做才会感觉更好。涉及自我调节，我们的直觉可能也是告诉他们：什么是自我调节，以及为什么补充他们的能量是如此重要。但有一个问题：他们也许是有了飞速的发展，但高强度的压力对他们的影响和他们还是孩子的时候是完全一样的；他们进入战或逃的状态或冻结状态时，他们的前额叶系统依然是关闭的；此时和他们谈话，他们无力进行信息处理，这和他们是孩子的时候是一样的。除此之外，他们的边缘系统也同样会很容易进入过度唤醒状态，如果你越想极力主张什么观点，或许他们的反应更是如此。

确实，来自现代社会的压力可以解释我们在青少年身上看到的焦虑。但在开始跟他们谈论这些并试图让他们认识到压力的影响之前，我们需要帮助他们做到自我调节的五个步骤。对于青少年，最重要的是他们需要自己执行这五个步骤。也就是说，他们需要认识到不愿起床或晚上发飙对他们的影响，他们必须找出自己的压力源并知道如何减少它们，他们必须学会或重新学习什么是平静的感觉，并找到什么让他们感觉舒缓、恢复能量。

今天的父母对这一切感觉特别困难应对的原因是，青少年会有太多的压力，无论是他们还是我们都很难看清这一点。而使事情更加艰难的是，青少年往往会坚持认为，这些压力都不是压力！对于父母，首先要考虑的是，即使处于青少年时期的孩子试图不理睬他们，他们也要帮助他们补充他们身体匮乏的能量，因为当他们精力耗竭的时候，他们是听不进去任何建议的。青少年很容易这样，其实有一些非常重要的原因。

青少年是油老虎

每个父母都知道，热量摄入的激增开始于青春期。生龙活虎的 14 岁少年可能需要的卡路里会是八岁孩子的两倍。这种明显的能量需求的急剧增长，以及身体的快速成长和（理想情况下）增加的活动量密切相关，但也并不局限于此。另一个关键的因素是他们需要燃烧大量的能量。

青春期预示着这样一个时期，青少年对压力的敏感性急剧增加。我们会看到边缘系统和下丘脑—垂体—肾上腺通路的改变，这一部分神经内分泌系统控制着压力反应并且调节内部过程，这些改变都会造成皮质醇的明显减少或者增加。这是因为青少年的神经感知系统正在重新校准，而且这个过程不仅仅只是涉及杏仁核。青少年对环境中的压力源的敏感度也会增加，这些压力源包括视觉、听觉、嗅觉、触觉方面，最重要的是社会方面的压力源。

社会压力尤其突出。近年来的研究表明，青少年对于"负面情绪线索"（皱眉、痛苦的表情、尖锐的声音）有高度的敏感性。更有甚者，他们也倾向于把人际信号看成是负面的。尤其重要的是，青少年在执行情绪识别任务时，他们还没有他们是孩子的时候做得好。在青少年时期，他们更倾向于把中性的面部表情看作是有威胁的。他们越累，就越有可能把周围的事物认为是有威胁性质的，即使是最温和的面部表情或语音、语调。

为什么会这么严重呢？因为这意味着孩子的报警系统敏感得多，对于一些青少年，他们的报警系统有着一触即发的敏感性。他们的杏仁核就像一个烟雾报警器，即便你是在烧水，它都会报警。而每当警报响起时，他们的紧张度就增加，导致能量消耗飙升。此外，睡眠不足会加剧应激反应和负面倾向，而且我们看到，今天大多数青少年的睡眠质量都在急剧下降。

一个 16 岁的孩子每晚仍然需要九个小时的睡眠，甚至更多。值得我们注意的是，现在很少有孩子能一直得到这么多睡眠。睡眠不足也会对纹状体系统产生深远的影响，这部分大脑与和奖赏相关的决策功能有着紧密的联系。睡眠不足的青少年会很容易去冒更大的风险，并且更不关心可能出现的不良后果，直到糟糕的结果发生！之后，青少年的压力会非常大，他们采取的行为会让任何理智的人都会大吃一惊。

青少年不是孤岛：俱乐部、派系与社会关系的安全性

青少年究竟如何做才可以从长期的神经系统的"增强"状态之中恢复呢？而在这种状态下，压力是要燃烧大量的能量的！增加体力活动、瑜伽、音乐和戏剧社团还有冒险野营活动，都是非常有恢复效果的。但最有益的方式是以小团体的方式进行活动。这是因为有一种演化上的动态过程在发挥作用。早期的人类生活在 100～200 人的聚落里，因此，青少年在一起玩、旅行或狩猎时，他们的人数不会太多，这是使他们感到安全的一个关键因素。

想想这是什么感觉：在高中的环境里，有两三百个和你同年级的孩子，全校或许有两三千人，这足以让你感觉不到自己的存在，甚至有些孤独。我在大卫·卡特高中度过了一天，观看了那里的橄榄球比赛。和大多数学校一样，即使是在有超过 1800 名学生的学校，橄榄球队也是一个引人注目的独特群体。他们都穿着 T 恤或运动衫，上面都印有牛仔骑野马的图片。当我拦下三个学生、询问他们对这个设计的看法时，他们解释说，这是球队的名称——牛仔——一个他们引以为豪的符号。他们的队服是另一个自豪的标

志，这个标志是通过努力赢来的，受到学校周边整个社区的尊重。但这里所涉及的不仅仅是自尊，他们的社会认同感是安全感的来源。

这是我们物种的自然天性，尤其是青少年的天性。青少年需要为了共同目标而开展的小团体活动，这些活动需要奉献、牺牲，远不只是为了实现自我满足。如果他们要发展自己的抗逆力，那么除了成功，他们还必须要一起经历失败。但如果他们要培养在逆境中前进的动力，那么他们在经历失败的同时必须还要经历成功。认同感不强的群体就不会帮助个人发展出很强的身份认同感。若想有强的身份认同感，这个群体就必须是令人鼓舞、充满挑战的。

最令人担心的是，许多青少年都不愿选择那些需要技能、实践和奉献精神的传统集体活动，而倾向于"替代性"的集体活动，例如网络游戏，这些活动需要的都是一些人工的、在许多方面都微不足道的"技能"。谁花了大量的时间精通了某些网络游戏就成了新的互联网"明星"。最近，在全天课程结束的时候，我找到一些男孩谈话，他们告诉我，他们必须到自己家里才可以一起玩。我疑惑地看着他们，他们解释说他们如何通过 Skype 软件联系，通过它可以在游戏中并肩战斗或相互对战。就其本身而言，这是完全无害的，甚至会有很多的乐趣，但问题是这些活动却成了青少年同伴交往的主要模式。

百余年前，生物学家雅克·洛布（Jacques Loeb）发现了为什么昆虫会艰难地爬到一棵树的顶端，并在那里寻找它们的食物。长期以来，生物学家曾认为昆虫一定有寻找食物的求生本能。但是洛布发现，是光感受器吸引它们到最明亮的地方，也就是植物的顶端，巧合的是，那里的食物最丰富。在电子游戏或社交媒体吸引青少年的事例中，虽然市场开发的产品满足了他们的感观需求与社会需求，但却不能带领他们找到丰富的食物来源。而且，我们会在后面的章节中看到，或许事实上，这会进一步导致他们挨饿。

在团队运动中表现出来的青少年的社会参与和支持系统的现象具有令人放松的作用，但当然不是每个青少年都需要，或能够成为一名运动员。在人类历史之初，社会上就有思想家、艺术家、发明家、讲故事的人、诗人、科学家、商业巨头或有抱负的政治家的一席之地。当然，这些"角色"绝不是相互排斥的。问题的关键，不是青少年不应该玩电子游戏或去玩社交网站Facebook，而是如果那样过度的话，就可能会增加孩子的压力。

当你的孩子是群体当中的一员时，无论是一群冲浪者、一个摇滚乐队、一个国会议员的竞选团队，或任何其他形式的群体，你需要确保他的参加确实是在减轻他的压力而不是增加他的压力。这一点也适用于电子游戏或社交媒体。一些家长看重的是，这些游戏会帮助青少年实现与同龄人获得一定程度的联系，而有些家长则看到了过度玩游戏的不良后果，进而采取强硬措施，制止他们所认为的"危险上瘾行为"。

在游戏成瘾的情况下，我们会发现一些相关的健康问题（背痛、头痛、眼睛疲劳、腕管综合征）、侵略性过高或人际交往问题，还有学习上的注意力和动机的问题。过度使用社交媒体，孩子们会产生以下现象：被排斥、强迫性地取悦他人、偏执、羡慕他人的生活方式以及抑郁。过度的电子游戏或花费在社交媒体的时间过长并不能增加安全的感觉，反而会有相反的影响。青少年互相之间需要的不是简单地娱乐：他们需要同伴帮助他们有效应对压力。

我们一直认为焦虑是一种"弱点"，这大大加剧了问题的严重性。我在安吉身上发现，除了所有她正在经历的生理压力，她还把痛苦内化为性格缺陷的标志，而这又进一步增加了她的焦虑。我们第一次面谈结束时，她哭着问我："为什么我这么可悲？"不过，她不得不认识到的，也是所有青少年必须知道的，就是他们的焦虑或抑郁与弱点并没有丝毫关系。

对于儿童和青少年来说，焦虑是自主神经系统过度疲劳的表现。焦虑加剧无疑是慢性边缘系统唤醒的表现，主要原因是孩子压力过大（通常涉及全部五个域），并且不经常参加社会活动。从青春期开始，社会活动就已经开始帮助青少年减轻他们的紧张情绪，并帮助他们从疲惫中恢复能量。父母作为压力调节者的角色不会消失，但随着青少年脑间联结的发展，他们的同龄人在帮助他关闭报警系统中起着关键的作用，在某种程度上就像在他小的时候的你一样。尽管社交媒体有其优点，但社交媒体对安吉根本没有起到压力调节的作用，就像对许多挣扎于社交焦虑的青少年一样。

真正意义上的"面对面" 是加强青少年社会支持的必由之路

社会参与是大脑在处理压力的第一道防线，它要求"近距离"互动：触摸、表情、一双愿意倾听的耳朵和舒缓的声音。我们一生都需要这种近距离沟通，这就是为什么老年人在一个社会群体里会生活得更好。"远距离"互动，诸如通过电话或社交媒体，它们能满足情感连接的需要，但它不具备"近距离"互动的好处。它不能增进青少年从彼此身上需要的安全依恋，而安全依恋能帮助青少年有效面对社会和生理上的改变。

值得担忧的是，尽管现代技术创造了学习和个人发展的潜在机会，但是媒体的某些方面或许是导致青少年高度焦虑的原因，这当然也是那么多青少年睡眠不足的一个主要原因。研究还表明，应该引起我们关注的是，他们的饮食习惯也会受到不好的影响，同时，神经系统变得需要更多的感官刺激，而此时的自主神经系统已经不堪重负了。

其他压力包括青少年面临的竞争，他们生活的每一个方面都有这种激烈的竞争。除了学习要好和名声要大这些传统概念上的压力之外，现代社会提倡证明自己的能力，这样的压力下，他们必须样样都要和别人比：例如进入精英学校、成为媒体名人，或者物质上取得显著的成功。

虽然很多高中学校是出于好意，并且有很多伟大的想法和目标，但是大多数情况下学校是这样的：忽视儿童和青少年最基本的发展需要，倾向于建立近乎完美的标准，而这些都是不明智的，更不是长久的方法，最后的趋势总是令人担忧的。最近有人问我，是否可以在一个远东国家运用自我调节的理念，这是一个拥有最闻名的顶级科学家和工程师的国家。他们联系我们的真实理由是什么呢？原因是他们国家突然出现了青少年心理健康问题，并且增长的速度震惊了他们的政府。

"错配"理论：认真吃饭、多睡觉、多散步

前文中提到过的格鲁克曼的错配理论的基本原则，解释了"错配"的概念：我们的世界不再匹配我们的身体，是因为我们的生理特性不再符合环境，压力越大，我们的内部系统所需要付出的代价也越大，即使我们为了生存在这不宜居的世界而采取了一些应对策略。当错配理论应用于自我调节和五大领域（孩子们吃什么、睡得怎么样、在清醒时做或不做什么）时，那些不堪重负的孩子们是我们的首要帮助对象。

让我们从他们的盘子（或快餐盒）中的食物开始讲起。牙齿的形状告诉我们，我们的祖先花了很多时间咀嚼像块茎和坚韧的肉食一类的东西。因为这样会释放一种神经化学物质，可以让人心静，所以咀嚼动作有一种自我调节的显著效果，这无疑也是为什么口香糖在销售市场如此受欢迎的原因，咀

嚼烟草也同样因此受到青睐。这一代的青少年，吃的主要是精加工的食物，只需要最少的咀嚼，得到的营养摄入量也不确定。我们都知道健康倡导者一直把垃圾食品列在不受欢迎食物列表的首位，因为这会导致肥胖、增加糖尿病和青春期的其他慢性健康问题的发生。研究表明，垃圾食品破坏了唤醒调节机制，并影响到所有的五个域，所以，饮食不良是第一种"错配"。

因为研究者采猎人群样本中有很大的差异性，所以我们几乎不可能推测出原始的人类睡眠模式。但有一点我们知道，电灯的发明以及最近又出现的蓝色光线的屏幕，这些已经对睡眠模式产生了很大的影响。这方面的相关数据显示，青少年比十年前晚上睡觉时间平均要少一到两个小时，所以如果你的孩子也是这样就不足为奇了。

在错配列表中，缺乏运动应该也排在前面。不管青少年是否在远古时期走出非洲时占据很大的比例，我们可以确定地说，他们在白天的运动一定很多。针对现代的狩猎 – 采集民族群体的研究，记载的步行数据是每天30 000～40 000步，事实上，从现代都市生活的角度来看，这是一个惊人的数字。几年前，我在马达加斯加有一些工作，我的行程之一，是乘车从岛的一端到另一端。一路上，我们看到十几岁的孩子在山区公路上徒步走着，他们中的大部分还背着货物，就是为了把货物拿到镇上出售，然后，背着他们在那里购买的货物返回。城镇距离山顶的村庄一般10～15英里[⊖]远！他们几乎每天都是如此，并且大多数都是赤脚或穿夹脚的拖鞋！

散步是很有益于十几岁的孩子减少压力的，不仅仅是由于花费更多的时间散步，他们就会有更少的时间浪费在游戏上或社交媒体上。散步对他们的心肺功能、肌肉与骨骼强度的锻炼非常有益。它会促进身体组织消除残留的废物，并且可以缓解紧张；它会释放内啡肽，会抑制那些在焦虑时激活的神

⊖　1英里≈1.61千米。

经元的活动；孩子们还会得到阳光和新鲜的空气，可以听到自然界的声音、观看自然的景观；有节奏的步伐会使他们进入冥想、催眠状态，可以在恢复能量的同时提高创造力；再加上走路还可以给自己的脚部很好的轻柔按摩！

我们知道，坐得太久也是青少年中肥胖流行的一个因素，而且久坐的生活方式对情绪也有明显的影响。许多青少年纠结于各种情绪问题，安吉也是其一，她经常会久坐不动，她需要运动起来，使身体运动成为她日常生活的一部分。许多学校也在认真考虑这一点，我在参加自我调节项目的高中见过的最有效的做法就是：把少量的活动游戏引入课堂。例如，根据问题的答案不同让学生走到房间的不同侧。许多教师定期让学生站立、伸展，或者做一个平静的呼吸。在我们的自我调节项目中，我们把固定单车放在教室后排，孩子可以在有需要时使用，这也产生了很好的效果。家长们告诉我，像平衡板游戏或舞蹈游戏已经帮助孩子对运动产生了兴趣，另外，一些志愿者活动的主要目的虽然不是为了健身，但要完成工作也必须要求孩子进行某种程度的体力活动。

帮助青少年认识自己

散步和更剧烈的锻炼形式，其实只是启动自我调节的一种方式。但要真正做到自我调节，青少年必须能辨别出所有五个域中的压力源。他必须知道什么样的活动可以把他带回冷静专注和警醒状态，应该避免什么或者需要为什么做好准备。最重要的是，他需要知道什么时候身体里的油箱是空的，或什么时候他会变得非常紧张。在这些方面，至少在刚开始的时候，青少年最需要父母的帮助。

青少年倾向于关注他们的情绪，而不是自己的身体状态。负面情绪非常强大的时候，他们不会认识到他们的身体和情绪之间的联系，更不要说认识到当前的能量和紧张度失衡会引发随后的负面情绪，以及两者之间更为复杂的关系。

当一个处于青少年时期的孩子正在应对许多不由自主的念头的时候，或者他有很强的负向情绪的倾向的时候，或者他看了太久电脑时，或者对药物、酒精上瘾的时候，或盲目寻求刺激的时候，劝诫他们进行自我控制确实是没有什么效果的。即使我们教青少年灵活的应对策略，或为其设置需要相互合作解决问题的场景，如果他们缺乏自我觉察，他们是不可能掌握或使用这些新的认知和社交技巧的。

今天，青少年研究的科学文献中的一个重要的主题是我们严重低估了童年的持续时间。对青少年大脑的研究告诉我们，他们的"设备"是如此简陋，以至于他们很难做出正确的决定或对周围风险做出的正确评估。因此，我们需要确保他们继续接受成年人的指导，这种指导可以补偿他们仍欠发达的执行功能。这一点是很重要的，它要求我们重新审视青少年的冒险行为，认识在感官需求中涉及的生物因素，以及要进一步了解他们在信息处理过程中的不足，而这些不足可能会诱导他们有更危险的冒险行为。对青少年大脑的新的理解，引起了大家的普遍讨论。这是一个很好的开始。现在，我们需要看到这些因素是如何组合在一起——神经、生理、认知、社会行为和情绪调节——并推动着压力循环的过程，这样我们才能给孩子们掌控、管理他的F1赛车的工具。

我们要教给青少年方法和策略，而不是代替他做——这是至关重要的。从进化的角度看，在孩子从婴儿成长为青少年的过程中，家长一定要牢记这个重要区别。任何一个物种，自然界几乎都无法保证上一代对后代的密切监控持续20～25年，这仅仅是因为父母不一定能活那么长时间！

但这并不是说由家长和学校的关心是不对的，他们的目的也是为了减少孩子青春期的冒险行为，而对这种关心需要是现代社会的独特现象：现在的社会由于压力失调带来太多消极的影响，孩子们的确需要更多的成人指导和指令。

父母的挑战在于，他们需要在青少年需要帮助的时候给予指导，还要给孩子留有足够的空间，就如我们在这一章所说的那样，让青春期的发育过程自然进行。毕竟，全世界不同的文化的成年仪式都表明，青春期一直被理解为一个突然的转变过程，它标志着从依赖他人到自我独立的转变，伴随的还有这个阶段所具有的全部责任。我们必须小心翼翼，在面对孩子的冒险行为时，我们不能仅仅出于好意而采取一种与青少年大脑基本发展需求相悖的养育行为。

倪克斯

来拜访我们的 15 岁女孩的确表现惊人。她穿着一身黑衣，短发高低不平，耳朵、眉毛和鼻子上都佩戴着饰钉。但并不是她的衣服或饰钉引起了我们的注意，而是她所表现出的悲伤和愤怒。她已经为自己起了一个野蛮的名字，一个代表黑暗和混乱的女神的名字。她拒绝别人称呼她的原名——马丽，如果别人那样称呼她，她就不会回应。"倪克斯"是现在她唯一能够接受的名字，你可以感受到每次她的母亲这样称呼她时都如鲠在喉。

她母亲说了好几次，她怎么也不明白到底发生了什么让这个小女孩发生这么大的变化，她曾经喜欢打扮成一个公主与她的布娃娃玩，一次能玩上几个小时。据她母亲说，她曾经是那么完美的婴儿。她几乎从生下来就能睡到天亮，很少哭。她会心满意足地在她的小床上趴一整天，感觉床围垫不同的纹理和质地。一位朋友曾告诉她，刺激婴儿的感官有多么重要，所以母亲就在婴儿床上挂了一个丰富多彩的挂饰，她欢喜地盯着它看。后来，当她长大一点儿的时候，妈妈还出于同样的原因，给她买了活动垫。她就躺在垫子上，花上好几个小时，盯着看垂下的各种东西，或者揉搓不同的东西表面，感觉它们的不同。

父母都努力与自己的宝贝女儿交流，但他们一致认为，她似乎独自一人的时候最开心。当他们做出各种搞怪表情或唱傻乎乎的歌曲时，她会开心地笑。但他们说，她是"喜欢自己一个人待着的孩子"。于是更多的时候，他们就留下她一个人，用母亲的话说就是，他们不愿"打扰她的私人空间"。

母亲很认真地研究了发育成长图表，她总是有点担心女儿的发育。她的女儿坐和爬的动作的出现都比图表显示的时间晚，咿呀学语、回应别人叫她到后来开始说话也比较晚。但每次去看儿科医生回来时，妈妈总是很放心，感觉一切都会很好。"别担心，一些孩子只是需要更长的时间"。果然，她确实需要更长的时间，并且在动作和语言发育方面的延缓也不是很严重。

一直让人担心的是，这个小女孩不喜欢与其他孩子玩。在幼儿园，她总是自己玩。在小学时，她从来不在课间时参与其他孩子的活动，总是独自在角落里坐着。她从来没有去过生日派对，也不想举办自己生日聚会。她母亲也天生不爱交际，她认为："她一定是继承了我的性格！"

母亲曾试图让她对芭蕾舞课产生兴趣。她三岁大时开始上芭蕾课，她似乎很愿意穿上紧身衣、紧身裤和短裙。她喜欢教师给她们丝带或魔杖挥舞着玩。但在第二年，她总是因为各种原因不能去上芭蕾舞课了：肚子痛、喉咙痛。不知为什么，芭蕾舞课就不了了之了，但没有人决定主动放弃。

父母仍然渴望她更多地参与社会活动，并且已经尝试了一些其他的课外活动。比如足球、跆拳道、音乐，或者是美术课，但似乎都没什么效果。她会顺从地去一次或两次，但后来同样的模式开始反复出现，可怕的胃痛或喉咙痛突然就出现了。最终，父母认为，因为她是太喜欢自己独自一个人了，试图强迫她去做一些她显然不喜欢的事情是残酷的。

据父母所知，她没有一个真正的朋友。事实上，尽管他们一直鼓励她交朋友，但她拒绝参与任何形式的社会活动，还不断地抱怨她的同龄人是"肤浅的"和"可悲的"。她会把自己锁在房间里数小时，听音乐、不停地写诗或散文，但从不给别人看。与她沟通也变得越来越难。她成了英国摇滚乐队包豪斯的忠实粉丝，不管任何时候她都会在 iPod 播放器上听他们的专辑。

另一个值得关注的事是，她已经开始长胖了。她一直略显矮胖，但现在她变得严重超重。她第一次出现了睡眠问题，她会连着几宿只睡 4~5 小时，然后再"补上"12 个小时以上的马拉松式的睡眠。有时，父母也不知道她是否在昨天晚上睡了觉。她变得更加疏远、更加难以进行交谈，或让她跟他们一起吃饭。如果父母追问，她就坚持认为她感觉"很好"，尽管她的行为和心情看起来并不是很好。

她的父母对她的生活知之甚少，他们只能从第三方才能了解到倪克斯在 Facebook 上发了一首诗，说要划伤自己。他们立即安排她去看心理医生。医生说倪克斯很焦虑，还有一些严重的愤怒情绪。她对自己和别人都很生气，她已经开始用小刀划伤自己，因为这是"唯一能让她感觉到活着的时候"。

治疗师谨慎地强调，她不觉得倪克斯有自杀危险。用她自己的话说："她不是精神病患者，但也不能说她精神健康。"这是我听过的相当深刻的说法，适用于当今很多的青少年：甚至远比我们愿意承认的多。

熟悉自我调节工作的治疗师建议父母带倪克斯让我们看看。治疗师认为倪克斯长期处于低唤醒、低能量、低兴趣的状态，希望我们也许可以帮助发现一些她的压力，并推荐一些自我调节的策略。完整的评估表明，倪克斯有一些感官敏感度过低，这意味着她需要多一点的刺激：包括光、声音、触摸，甚至味觉，她才可以感觉回到正常。在婴儿时期，视觉和触觉刺激能轻易地吸引她，而十几岁的时候，她却黏在 iPod 和高热量的食物上，这些食物使用盐来增强风味，或用味精来刺激谷氨酸受体。除此之外，似乎很明显，倪克斯正在深深的社会压力中挣扎。

独自成长的岁月，剥夺了她学习如何理解别人所必需的关键经验，包括从他们的手势、眼神、姿势、说话的声调去了解别人。她也没有发展她的共情能力以理解朋友的感受。在这里，我们也怀疑这些方面很早就有所缺失了，她的父母认为婴儿"独自的时候是最幸福的"迹象，实际上是婴儿寻求额外关爱的迹象。这是诱导她进入那些无数的日常生活中的双向互动、培养亲子脑间联结、读懂别人和亲社会技能的基础。

但倪克斯的问题不只是在理解自身言行对他人的影响的微妙迹象时遇到了麻烦，她发现也很难调节自己的强烈情绪。她的母亲说，作为一个婴儿，倪克斯从来没有生过气。她开始发脾气时总会坐在一个黑暗而安静的地方，直到她平静下来。十几岁的时候，如果她面对别人强烈的焦虑或痛苦，她自己也会变得焦虑或痛苦，然后感觉不堪重负，就会封闭自己。

这种表达和调控强烈情绪的能力不足，加上她的麻木和孤独感，使她承受了可怕的代价：不只是在情绪和社交上，也包括生理上，这就导致了她的睡眠问题，并触发她在压力下对垃圾食品的强烈食欲。总之，她陷入了一个恶性循环，在所有这些不同的压力冲击下，她的自我调节的问题愈发严重。

说到底，倪克斯和任何其他的少年一样需要同伴交流。她缺乏建立有意义的关系所需的社交技巧。她转移到一个网络上的、怪异的哥特社区来满足自己这一深层次的需要。但问题是，这并没有给她提供和同龄人聚在一起的传统的集体活动同样的调节作用。

倪克斯在几个不同的领域都需要帮助。显然她必须养成更好的睡眠和饮食习惯，她需要参加活动，这将有助于她的社会和亲社会技能的发展。当她和父母开始进行自我调节练习时，了解我们在这一章中谈到的青少年大脑是非常重要的，他们需要参与一些为共同目标努力的小组活动。

在倪克斯开始进行自我调节之后，她的进步有一部分很可能来自于加入了学校的合唱团。唱歌的身体活动对神经系统有高度的调节作用，倪克斯开始发现这种体验令人精神振奋。原来，她有非常悦耳的女高音，所以在这个活动中她可以开始大放异彩。也许最重要的是，现在她参与的活动让她认识了其他和她有类似兴趣的伙伴。她的社交意愿和与伙伴们一起唱歌的热情显示了她一直都有参与团体活动的意愿。

现在，她已经是一个充满活力的年轻人，当她需要谈论她的压力时，她仍然会去找她的父母，正如我们大多数人所希望二十多岁的年轻仍会做的一样。但她对她的生理需求和情感脆弱性有了更加深入的理解，作为一个大一学生，她现在的状态可以被毫无疑问她称为"精神健康"。她有各种各样的朋友，而且并不都是仅仅在合唱团认识的。她把自己照顾得很好，并引以为豪。也许最能说明问题的是，她选择接受马丽作为自己的名字。

第 11 章

需要更多

欲望、多巴胺和令人惊奇的生物学现象——无聊

孩子们在上七年级，他们有严重的行为、情绪和注意力的问题。W 太太是他们的老师，虽然她是一个充满激情和经验丰富的教育工作者，但她还是感到有压力。"我不得不一直在教室里对付一两个孩子，让他们安静下来很不容易，"她说，"但是这比我曾经见过的都更极端——他们确实影响其他学生。"我是在星期一的早晨去拜访他们的，许多男生会在周末一起玩名为《使命召唤》的暴力电子游戏。他们睡得很少，其中有一个几乎没睡。

当我得知他们每个人都踢足球、打长曲棍球或冰球后，我问他们在一场比赛后的感觉。"我感到很平静"这句话把我吓了一跳：这正是成功的自我调节带来的感觉。许多儿童甚至不能说出他们曾经感到平静的时候。当我

询问其他男生时，每个人的感觉都是一样的。但是，当我问他们："今天早上，当你不得不起床去上学，又是什么感觉呢？"他们每个人都坦言道："我感觉非常糟糕。"他们知道每项活动带给他们的不同感觉。可是，当我问："你是愿意在户外打曲棍球或踢足球，还是玩《使命召唤》的电子游戏？"每个孩子都异口同声地回答："留在室内玩《使命召唤》！"这是有趣的，但很让人担心。为什么他们会选择感觉"糟糕"而不是选择感觉"舒服"呢？

简的情况说明了这个故事的另一面。她是我们的接待员，穿着整洁，工作高效，一周前，她趁春假与丈夫和两个儿子去度假，回来后感到非常疲惫。原来，为了让孩子们开心，他们取消了自己的计划，她为他们订了一周的网飞公司（Netflix）的电影。"这当然会让他们安静下来。"她说。尽管如此，每天早晨孩子们还会抱怨春假如何无聊。她很不理解。她让他们看任何他们想看的，不管何时只要他们想看就让他们看，他们也总是全神贯注地看。他们怎么能说他们感到无聊呢？

许多家长都在问这个相同的问题。部分答案可能是今天的孩子周围有太多的刺激，他们不再能够自娱自乐，他们还没有发展出那种来自我们以前常玩的传统想象游戏的创造性和应变能力。千百年来，我们有好多传统游戏，孩子们可以一起玩蛇和梯子的古印度棋盘游戏，还有像鬼抓人或捉迷藏、跳房子、玩装扮或是找积木一样的游戏。但是，随着现代视频和网络游戏的出现，面对面的身体互动和交谈消失了。通常情况下，孩子面对电脑，而不是和真正的伙伴玩游戏。自我调节帮助我们从一个全新的视角诠释这种面对面的人际交往的缺失。

令人惊奇的生物学现象——无聊

读过这本书的父母，都曾听到过孩子抱怨"我感到无聊"。我们把这样的话语看成是孩子对自己心理状况的描述，他们焦躁不安、无法找到任何让他们感兴趣的事情。但他们的说法不是一个描述性说法，它更像是一种动物的呼声、哲学家们称之为宣告。这只是躁动的一种原始的表达方式。孩子们可以简单地发出抱怨的声音，不用语言就可以表示出无聊，我们就会立即知道他们的感受。我们对于这种情况，很少会判断错误。

研究发现过度刺激会产生无聊的感觉，自我调节告诉我们为什么会这样。当我们让孩子参与的活动对孩子产生了过多的刺激，孩子就会感觉无聊，他们的皮质醇会激增。这是因为活动刺激了肾上腺素（例如，一款关于战争的网络游戏），这种"战斗"模式让孩子动用他的能量储备。这提高了他的皮质醇（应激激素）的水平。皮质醇水平的提高使孩子更能明显感觉到生理和精神上的困扰。这样的"无聊"有一种明显不舒服的身体感觉，主要是因为血流中具有太多的皮质醇。

当刺激源消失后，哺乳动物和爬虫脑就会对这种由高唤醒到低唤醒的突然转换所带来的不平衡做出回应。这是一种古老的神经机制，旨在遏制能源消耗，促进能量恢复。但是，孩子们发现这种突然转变又是一种压力。这种感觉，就如同你猛踩刹车那样。

这一切都意味着，我们需要运用自我调节的第一步并对"我很无聊"这句话的意义进行重构，其实它表示的是："我觉得不舒服。"这就是为什么他们如此抱怨的原因。这是孩子面对"娱乐"活动带来的压力升高而自然流露出来的表现。如果我们没有认识到这一点，我们会误以为我们的孩子需要进一步的刺激，那将会适得其反，我们会在不经意间增加了他的压力负荷，而我们真正需要做的是减少它。我们需要把处于高度唤醒状态的孩子拉回平静，而不是让他的压力进一步飙升。

奖赏系统的工作原理

如果你看过像《糖果传奇》或者《愤怒的小鸟》这样现代的、经典的数字化游戏（或者迷上了它们），或任何像这样令人麻木的"兴奋"消遣方式，我们都会呆若木鸡。此时产生了一个严肃的科学意义上的逻辑问题：如果不是特别有趣，是什么吸引了我们这么久呢？

神经科学家找到了这个问题的答案，这可以追溯到 20 世纪 90 年代末。我们知道游戏会引发肾上腺素激增，这是问题的关键。但是，科学家们对电子游戏对大脑的奖赏系统产生的影响很感兴趣。他们发现，这些游戏会导致多巴胺水平增加一倍。这是一个重大的发现，在解释人们对什么东西上瘾的现象方面，这是一个突破。

游戏会引发阿片类物质的释放，这是一种使我们感觉良好的神经激素。很多原因会导致游戏有这个作用。这不仅是大脑为赢得奖赏的自然反应（即使奖励是完全没有意义的），而且游戏里伴随着击中一个目标（或者被击中）后出现的花里胡哨、鲜艳的色彩和灯光和各种噪声，也增强了这种效果。然后多巴胺——渴望的来源——大量增加，驱使大脑一次又一次地寻求刺激，以获取阿片类物质。

这神经化学奖赏系统：阿片类物质和多巴胺之间的互动。它是大自然的设计，它的目的很简单，只是为了生存：找到一个提供能量的食物来源，然后使吃食物的经历变得愉快（宽泛一点说，这同样适用于性，自然界旨在确保我们生儿育女！）。释放的阿片类化学物质会让人产生快感，减少疼痛或压力。阿片类物质与分散在整个神经系统和胃肠道的受体相结合。它们的工作原理是在给予我们能量的同时，抑制由疼痛、压力或焦虑激活的神经元。这就是为什么它们让我们感觉好多了的原因之一。

阿片类物质存在于母乳中，这是促进喂养与依恋的一个重要因素。它们可以由运动产生，甚至会通过触摸、拥抱或抚摸而释放，这一切都是让人感觉美好的事物。一旦阿片类物质与奖励相关联，例如吃冰激凌，尤其是当它们迅速关联的时候，中脑就会释放多巴胺，激活位于腹侧纹状体的伏隔核，这促使我们寻求获得奖励，并且在渴望被满足感到焦虑。事实上，我们所说的"焦虑"真的只是一个持续恐惧或过度警醒的状态，这种状态的表征包括心跳加快、呼吸浅快、出汗、瞳孔放大、感觉过敏，这使我们警醒，随时准备保护自己，或者追逐奖励。

我们只要想一想得到奖励这件事，或者看到与奖励有关的刺激，体内就会释放多巴胺。大脑还会释放其他增加警觉和唤醒的神经递质去甲肾上腺素，帮助调节我们的信息加工（5-羟色胺）并促进我们的能量恢复（乙酰胆碱）。多巴胺对于行为是至关重要的，因为它促使人们产生向往和渴望。但如果它过多，就会让人感到不满和不安，如同简在她的孩子身上看到的一样。

当快感消失：寻找更多刺激

我们对某种东西的感觉越好，我们就越想要它，直到它对我们的影响减少、我们不再感到愉快。这反过来促使我们寻求更多的这种事物，或者说更加令人愉快的其他事物。奖励系统的激活会让我们情不自禁地想一遍又一遍地玩游戏或接连看很多电影，不再去做释放很少阿片类物质以及多巴胺的事情，就像读书或打牌或玩棋盘游戏。

以暴力为主题的角色扮演或第一人称射击游戏使孩子们习惯于亢奋，而需要静下心来的游戏对他们来讲不仅枯燥，而且不舒服。现在的电影对孩子来说也是一样的，您可能已经注意到这些电影越来越吵闹、暴力，不太注重情节和角色的发展等人性层面。这是电影制作者故意为之。这些电影仅为激活神经的"甜蜜点"而设计，这种设计也已经通过目标观众测试，并使用皮肤电反应、心电图、甚至功能磁共振成像，这使得创作者可以为了获得想要的效果而增强感官刺激。一旦你的大脑已经习惯了《变形金刚》，那么让你坐在那里看一整场《幻想曲》是相当困难的。

有证据表明，玩高强度的角色扮演游戏可能会培养精细动作的灵活度，在认知方面也会得到好处。这里核心问题是大脑中的原始系统消耗大量的能量，以致孩子迫切需要即时能量的补充。暴力电影对大脑也有这样的影响。1817 年，诗人、哲学家塞缪尔·柯勒律治（Samuel Coleridge）谈到了"停止怀疑"，即一个读者停止了对一个故事各个方面的理性判断，他真正指的是我们现在所知的边缘系统的运作，即前额叶皮层在压力下不再起作用。面对主人公危险的场景，你可怜的哺乳动物脑发送信息到爬虫脑，使心率增加。强烈的音乐、鲜艳的灯光和色彩会加剧这种影响。而且，由于你坐在那里、一动不动，积累的压力就不能得到释放。有一次，我带我的孩子来看一部这样的电影，看完电影后，我跌跌撞撞地走到大厅，感觉经历了边缘系统的"拉练"，倍感疲惫。在我的周围都是卖东西的食品亭，按说我从来都不吃这些，但现在我非常想大吃一顿。

这并非只是巧合。垃圾食品和暴力游戏、电影属于同一类别的奖励物质。值得注意的是，垃圾食品是设计来刺激多巴胺分泌的。要刺激多巴胺受体，"食物"（其实，加工和人造的过程使得它们很难有资格再称为食品）必须最大限度地促进阿片类化学物质的释放。事实上，这种情况在一定程度上也适用于一些天然食品：糖、小麦、牛奶和肉。但在垃圾食品，或所谓的"超美味"食品上，这种情况显现的最明显。

要制作"超美味"食品，技术人员用脂肪、糖和盐的各种组合，以及气味、外观、各种复杂的化合物和材质做实验，以求找到一个"最佳组合"，使阿片类化学物质的释放达到最大化。这样的食物可以刺激多巴胺的产生、引诱人们的渴求，以此推动销售。从一个食品生产商的角度来看，阿片类物质释放的妙处是，虽然它的影响会慢慢消失，但让人们保持对产品强烈渴求的多巴胺却不会消失。

由于电子游戏设计师、电影制片人和食品科学家在他们的领域做得相当专业，所以神经科学家和公共健康卫生官员已经也开始担忧"超刺激源"对人们的影响了。问题是，"多巴胺能"的激增太过强大，劫持了自主神经系统、忽视了大脑发出的暂停工作、能量恢复或饱食的信号，所以孩子会不停地玩游戏或一直吃，而这远远超过了大脑的控制。

这可不是简单的分泌阿片类物质和多巴胺的问题，而是游戏或食物会让孩子的能量比开始的时候更加亏损，因此更需要另一种阿片类物质的刺激。"超级刺激源"对孩子的影响不同，在某种意义上，比较起酒精或药物对他们的影响，它们对孩子们的影响会小得多，即使是上瘾的孩子也一样。然而，人们担心这一点，不仅是因为当孩子长大的时候，这种习惯可能会让他们倾向于体验更严重的阿片类药物，还因为这些刺激源对孩子的情绪、行为和健康有直接的影响。

但是，也许最大的问题是"超级刺激源"会干扰减轻压力的自然活动。例如，嚼薯片和糖块对于自我调节的益处远没有嚼苹果大（包括了咀嚼的功能，和苹果本身缓慢提供能量的方式），同时还会扼杀孩子想吃苹果的倾向。

另外，我们还会有进一步的担心，过量的薯片和软饮料可能会增加孩子的压力。例如，当血液中盐的含量升高时，下丘脑会尝试把盐分代谢出来，因此，大量儿童和青少年产生脱水，就是因为过量地食用垃圾食品，并且这还会导致他们体内重要矿物质的匮乏，这些矿物质是很重要的，因为它们会保证我们思维清晰。能量突然增加，又突然匮乏，如果总是这样的话，会严重破坏大脑唤醒度的调节，影响人们的清晰思维。那么，吃太多这样的食物，或者花很长时间玩这些游戏的孩子就可能不太擅长辨别自己在吃什么或在做什么。孩子越迷恋这些东西，他就越希望获得让他处于这种状态的东西。孩子们受到刺激后本应该满足，但与之相反的是，他们接受刺激而不满足，后来孩子就会变成难以满足。

驯服野兽：找寻线索，帮助孩子为自己负责

能引起渴望的关联，并不是仅仅是我们吃到一种食物或做了一件事情所体验到的愉悦，而是说我们在形成"刺激 - 奖赏"关联时，我们的身体和情绪状态。这四个因素彼此相连：身体、情绪、阿片类物质和多巴胺。如果一个孩子感到疲惫和焦虑，而这样的感觉与他第一次吃薯片（或玩电子游戏）时的感觉一样，他的大脑边缘系统就会迅速地帮助他联想起那次的感觉。

实际上，在吸毒、酗酒或者其他上瘾方面，我们也看到了类似的现象。几十年来，父母获得了大量的信息，知道毒品上瘾的危害非常大，哪怕接触一点就会使一个意志薄弱的青少年上瘾。但是，经过多年的潜心研究，我们现在知道，是什么让一个十几岁的孩子脆弱：那不是某种大脑无法控制的一种化学反应，而是青少年的身体和情绪状况驱使他寻求一些化学方法来抑制自己的情绪。更重要的是，研究表明，控制青少年吸毒的有效办法不是让毒品彻底消失（这十有八九是不可能的），而是要解决青少年所承受的压力负荷，防止他们被迫采取不良的方式来应对他遇到的巨大压力。

自我调节强调自我觉察，包括学习如何倾听自己内心的需求，帮助孩子养成关注自己身体和情绪，以防陷入恶性的刺激 - 奖赏模式。往往这一步预

219

示着重大的转机，我们用小乔的故事来说明这一点。

小乔

小乔是九岁的时候和父母来探访我们的。他第一次走进我的办公室时，整个人显得有些沉闷，大口嚼着薯片，但显然他从不在意他在做什么。小乔有些超重但不能说肥胖，更令人担忧的是，他看起来不是很健康。他的皮肤有一种苍白的感觉，脸上有明显的紧张神色。但真正显示有问题的是，他吃完一袋薯片后，又从口袋里拿出了一块巧克力。

他的家人过来拜访我们，是因为小乔在学校里很难关注学习。他不是特别地爱动，总是漫不经心的样子。这并不是说他打扰其他人或专注于他自己选择的东西。他似乎一直是处于一种怯懦中。教师向他的父母汇报，她只有站在他身旁，"差不多在他头顶上"大声叫他的名字才可以吸引他的注意力。她建议他去看心理医生，改善一下他的学习动机，因为"如果他不开始学会专注的话，当他进入高年级的时候，他将会遇到各种各样的麻烦"。大家也都明白，这是真的。

小乔显然不太注意学习控制自己的注意力，在谈话的整个过程中，他都在嚼薯片。很难说除了下一片薯片他脑子里还会有什么。这一切似乎是全自动的，他不仅不知道他自己在吃什么，而且也意识不到自己在吃东西。他只是一片又一片地往自己的嘴里塞着薯片，没有停顿。听到袋子吃空后产生的沙沙声，他才知道停下来。

我们很多人（也许不是大多数人）都是这样的，至少有很多孩子是这样的。抛开肥胖不说，垃圾食品的确是在儿童中最大的流行病之一——专注力不足的重要原因。这种不专注不只是不知道身体内部或周围都发生了什么，而且也往往是不知道自己在做什么。小乔的情况就是一种关于吃和其他专注力的问题，这是他的问题。

在帮助小乔时，我们教他认识到，当他想吃薯片或者想吃糖的时候，就是他的身体疲惫的时候。但我们并没有给他讲一堂营养课，讲像他这样年龄的孩子需要多少能量，或需要补充能量才不会疲惫。相反的是，在第一咨询后，我问他是否能为我做一件事。我想知道在他妈妈的车没有汽油的时候，车里会和之前有什么不同。他妈妈也答应做这件事情，在开车的时候让油耗尽，并且确保油灯报警的时候，让孩子在车内观察。

下周小乔兴奋地告诉了我发生的一切：红灯亮了，他父亲告诉他，这是因为油箱内有一个浮动的装置，当它的位置太低时就会点亮仪表盘上的灯。于是我问他，他的能量罐中是否也有这样一个装置呢，当他能量不够的时候，它会给出信号？他苦苦思索了一会儿，最终还是放弃了，并恳求我替他回答这个问题。相反，我问他，他的脑袋里有个小的声音，告诉他去获得一些薯片或糖果，是否可能这就是信号呢？他又努力地思考了一会儿，当他看到了两种情况之间的联系时他的脸上就露出了一个大大的笑容。

我们仍然还有许多工作要做，才可以帮助小乔认识到他个人的压力是什么，压力是如何消耗了我们做其他事情所需要的能量（比如上课专心听讲，或关注我们吃的食物），以及我们面对压力应该怎样去探索更有效的应对方法，而不是上课不专心，想着去吃垃圾食品。这个最初的"顿悟时刻"对改变他的行为轨迹极为重要。它代表着关键的第一步，即自我调节所需要的自我觉察。这样做的目的不是为了让他抑制这些渴望，这些渴望是在杏仁核、眶额皮层以及伏隔核深处形成的一些强关联，因为大脑的这些部分的功能是整合情绪、情感行为和动机。这样做的目的是让他认识到这些渴望的真实"意义"。

向应急响应系统转移呼叫

无论是儿童还是成年人，当压力负荷过大的时候都会去寻找超级刺激源。传统上，我们都力求通过鼓励孩子们多进行自我控制来战胜这些渴望。但是抵制这些难以控制的欲望非常消耗能量，代价昂贵。这些战斗，我们在开始的时候就都不约而同地失败了，因为当我们试图阻止一个强大的冲动的时候，我们会消耗更多的能量，而我们消耗的能量越多，我们越有可能在那一刻或不久之后就屈服于那种冲动。因此，经常会有看似成功的减肥却会很快反弹回到原来的状态。

相反，自我调节是解决这些冲动的根源，首先我们不必进入战斗，这并不是告诉孩子超级刺激源有多么危险。自我调节告诉我们，我们根本不应该从认知方面看这个问题，在孩子渴望刺激的时候，有关超级刺激源的危险的说教是毫无作用的。基本上，这首先是生理和情绪方面的问题，涉及能量的消耗和恢复。你不能与唤醒的大脑边缘系统讲道理，你需要抚慰它、平息自然界赋予它的最原始的功能。

边缘系统不只是一个报警系统，当你的能量油箱见底的时候还可以作为一个"应急响应系统"（emergency response system，ERS）。应急响应系统搜索其记忆，确定什么有抚慰功效并能快速提供所需的能量。吃甜甜圈合情合理，因为它不仅可以带来与此相关的愉快体验，而且可以快速释放能量。此外，在这时抵制甜甜圈就需要付出更多的努力，很明显这是进一步的能量"支出"，使我们更加脆弱。如果不吃甜甜圈，我们就会寄希望于其他能瞬间释放能量的奖励。（碰巧，酒精或毒品所带来的影响与之相同。）

一个孩子越是处于高唤醒或低唤醒状态，大脑的应急响应系统越保持高度警觉。在这种状态下，孩子就更倾向于食用高卡路里而非富含营养素的食物。我们在与超重儿童讨论自我调节时所见过的一个最有趣的事情是，当他们在体力活动后的冷静、专注、清醒的状态时，他们就渴望喝水、吃水果或酸奶。这是因为大脑里面有一个需求优先级列表，除了对能量的基本要求外，也强调补足人体需要的液体或维生素和矿物质，或缓释碳水化合物。在出现能量危机时，它会需要垃圾食物的热量，但当在平静的时候，它更喜欢最有益健康的高品质食物。

所以，甜甜圈和新鲜水果都是选项，但是——这是一个重要的"但是"——自我调节的目标不是试图压制有关甜甜圈的旧的关联和美好回忆，而是创造新的、积极的关联。我们得到的最大教训就是，你不能通过试图说服儿童或青少年停止进食垃圾食品，或说服他们不要玩那些不好的电子游戏来实现这一目标（祝你好运！），而是应该让孩子们认识到，当他们做一些事情可以减少他们的紧张度、增加他们的能量的时候，他们的感受是什么样的。一旦他们的 ERS 回到待机状态，这种渴望就会迅速改变。这样一来，当对能量的需求突然增加时，下丘脑就会搜索其记忆，寻找它最喜欢的能量来源，并选择较为健康的方式方法。

灯光、行动、过度疲惫：压力源包围着"城市化的一代"

在自然界度过的时光在自我调节中起着至关重要的作用，尤其是当孩子对某项事物产生积极的体验和关联，并将其作为一种奖励的时候，此时压力过大的边缘系统正在寻找奖励。试想一下你的孩子喜欢到户外散步，或只是在树下休息放松，而不是在电脑前面接着又打一个小时的游戏。想象一下这样的情景：他们长大了，在他们脑海深处的童年记忆中，尤其是当一天的压力过度、渴望快速恢复能量时，自然界一直是可以给他带来平静、喜悦或安慰的地方。

培育儿童与自然的关系已经变得越来越困难，因为他们的生活在很多方面已变得越来越"城市化"——明亮的灯光和拥挤的环境、"永远在线"的社会媒体和他们的网络生活。全球大约有 50% 的儿童（到 21 世纪中期，这个数字可能会达到 66%），在美国和加拿大大约有 81% 的儿童居住在城市或市郊。即使那些住在农村环境中的孩子，通常也是每天花掉几个小时玩电脑游戏或参与网络社交。从某种意义上说，他们是城市化的一代，不管他们住在哪里，睡眠缺乏、人工照明和疯狂的活动、拥挤的人流、车流和工业噪声都时时刻刻对他们造成压力，在有些情况下，孩子们还需要和贫穷和长期的困苦做斗争。

过去的几年中，大量的科学论文都写道：城市化是儿童和成人压力增大的一个主要原因。识别和了解这些压力的影响，还可以帮助我们理解为孩子的奖赏系统带来额外风险的因素的影响。

例如，剥夺孩子的睡眠会影响杏仁核的功能、科学家担心，城市里大量的夜间光线可能会破坏这种机制，对电脑和其他数字屏幕发出的光线也有类似的担忧。为什么呢？我们再次返回到大脑的主控制系统——下丘脑，或者，更准确地说是下丘脑内的小型翼状结构：视交叉上核（suprachiasmatic nucleus，SCN），它负责调节身体的昼夜节律。视交叉上核通过产生神经化学物质对身体内部的信号做出回应，这种神经化学物质会使身体的运作周期接近（但不完全精准的）24 小时，而且它需要外部线索（主要是光线）来维持 24 小时的时间表。这就是为什么科学家担心城市中大量的夜光可能会影响这种机制的原因。但更深层次的一点是，这种生理周期和机制是唤醒调节和奖赏系统的必要组成部分。

面对疲劳，下丘脑的反应和它面对惊吓时是一样的，都是通过提高唤醒度，使杏仁核发出警报、开始搜索恐惧的回忆寻找自我抚慰的即时方法，或让相关的系统扫描周围环境的潜在威胁，如果唤醒度足够高，那么周围环境的每个角落都会扫描到。所有的噪声、突然的呼喊或暴力、交通和污染会激活杏仁核，由此带来的影响我们已经在书里都讲到了，涉及心理、认知和行为领域。

为什么城市生活所带来的压力又一次成为一个热门话题，为什么我对此产生兴趣呢？原因不是我们在世界各地的每一个城市都能看到的疯狂的交通拥堵现象，而是因为安德烈亚斯·迈耶 – 林登伯格（Andreas Meyer-Lindenberg）实验室在 2011 年发表的论文中提到：城市化和杏仁核与前扣带皮层（anterior cingulate cortex，ACC）的激活之间有联系。

这些恰恰是我们在自闭症儿童身上研究的系统。我们在与孩子的治疗过程中发现，当我们减少他们的唤醒度后，大脑中的一些之前用于思考、选择、重新评估等功能的部位，现在它们都会启动：负责孩子的思想、情绪和行为。迈耶 – 林登伯格认为，似乎这些城市化产生的影响，与我们在治疗前的自闭症儿童身上观察到的东西非常相似。

要记住的是：多种因素会引起杏仁核变得过度唤醒，包括来自所有五种域的压力以及各种各样的健康和发育的并发症。也许对我们当中很多人来说，城市环境确实会导致睡眠不好：太多的光线、噪声和各种刺激源。不幸的是，截止到现在为止还没有出现过很多高质量的针对城乡睡眠模式的比较研究，不过有少许研究发现城乡居民的睡眠在时长和质量上有差别。毫无疑问，现代技术和孩子们的"永远在线"的网络社交习惯正在迅速地消除城乡差别。

对于很多孩子来讲，家庭环境的压力使得自我调节变得非常困难。斯坦福大学和哈佛大学肯尼迪政府学院贫困研究合作中心的加里·埃文斯（Gary Evans）和珍妮·布鲁克 – 葛恩（Jeanne Brooks-Gunn），以及华盛顿的国家科学委员会的科学家们的研究显示："有害压力"包括污染、噪声、拥挤、住房条件差、校舍不足、学校和社区的高流动性、家庭冲突和接触暴力和犯罪，这些会严重影响孩子的应激反应，并且这种负面影响是长期持久的。

第 12 章

压力下的父母
何去何从

现在的家长们承受着巨大的压力，你能保持冷静、专注和清醒的难度并不比你的孩子小。我指的不是个人的问题造成的压力，而是与育儿相关的压力。我可以列出一系列孩子给我们带来的不同的压力。毫无疑问，你能列出更多的压力因素。但对于父母来讲，有五个基本压力，也是他们的自我调节的五个敏感问题。

（1）让孩子进入社会

日复一日，年复一年，你花费了无数的时间试图教你的孩子"可接受"的行为规则。安静下来！刷牙！不要抢！等待轮到你！分享！对人好点！说抱歉！如果很容易就可以让孩子学会这些社交礼仪（就像有些人说的那样使孩子"正常化"），你就不用再重复地教育孩子，也就不会再有这样疲惫和愤怒的家长了。但是，这个世界充满了疲倦、恼怒的父母。从孩子进入学前班到高中毕业，你往往发现自己经常深陷战斗：孩子不愿意做你想要他做的事情，或者不明白你到底希望他做什么，或很难做到你想要他做的，或者干脆忘记了他应该做的事情。

不管你怎么看，孩子的社会化过程总是会充满压力。这对于你自己和你的孩子来讲都是有压力的。有些孩子由于脾气的问题或许要面对更多的挑战，或者因为他们有特殊发展需要或有长期健康问题而面对更多的困难。或者你可能要处理其他困难的情况，比如疾病、工作场所或家庭的突发状况或财务困难。但是如今孩子的社会化所面对的压力与之前不同。现在的孩子有的早在 3 岁时就被"撵出"幼儿园，原因是他们有不恰当的语言或行为。我们已经知道这样的态度是混淆了"自我控制"与"自我调节"的概念，以及这样会对孩子造成什么样的伤害。但是，有这些问题之上的是"零容忍"的气氛，父母一直会处于紧张状态，担心他们的孩子可能会做或说一些被认为是"不可接受的"的事情。最令人担忧的是，这样的后果将是非常严重的。儿童和青少年在很大程度上都无视这一点，就像一个三岁大的孩子对于跑到马路上却完全没有意识到会有危险一样，但对父母来讲，这种持续的社会化过程会变得比以往任何时候更加高风险。

（2）分担焦虑

父母们的压力往往很高，这不是因为他们为了孩子说了什么或做了什么而恼火，而是因为他们太想保护自己的孩子了，或者当孩子在困难中挣扎的时候，他们想要帮助或抚慰他们。在我们的实验室，我们做了一个有趣的"家长共情"的研究。我们的神经科学部主任，吉姆·斯蒂本，观察父母在看到自己的孩子在执行一个令人沮丧的困难任务的时候，大脑会出现什么样的活动以呈现他们的共情。他设计的任务许诺孩子，如果他能积累很多积分，就会赢得奖励。当孩子即将"赢"得比赛的时候，比赛突然变得不可能再进行下去，孩子也会失去了许多他所累积的积分。（不要担心：吉姆会返还孩子的积分，每一个孩子在最后都会得奖！）扫描屏幕上显示的父母对压力的神经反应很清晰（腹侧前扣带皮层的活动会突然变得剧烈）。

这是需要我们非常认真地对待脑间联结功能的一部分：我们是如何与孩子紧密地联系在一起的，包括在孩子情绪波动和面临挑战的时候。我们越能保持冷静和清醒，他们就会更快地重新回到冷静和清醒的状态，反过来也是一样的，我们与孩子相互促进，这就是整个过程。

（3）育儿竞争

不要搞错：对父母来讲，孩子具有竞争性是一个巨大的压力来源，而不仅仅是对孩子产生压力。这足以解释为什么有些家长在少年棒球联赛或是足球比赛中会失去理智，也可以解释为什么父母会在比赛结束后因为孩子表现不优秀而批评孩子。对于在孩子的学业上、社会上或其他方面的表现，父母也是如此互相竞争。这里凸显出来的是父母的地位，而不是他们的孩子：父母的野心、他们吹牛的权利，或更多情况下，是他们对孩子的失望。

（4）在超级刺激源中找寻方向

现在我们知道，超级刺激源应该被看作生理压力，当它过量的时候就会触发压力循环。有一个长期压力过大的孩子对父母来讲是一个巨大的压力。但这种压力和试图让孩子戒掉超级刺激源的压力相比是相形见绌的。

不幸的是，没有单一的解决方案，没有一种通用的方法可以让你的孩子远离垃圾食品、游戏和其他超级刺激源。这种焦虑在很大程度上增加了家长的压力。您可以尝试完全禁止孩子再去接触他们所迷恋的游戏或食物，但是就像政府使用这样的禁令一样，是没有效果的。尤其是随着孩子们年龄的增长，更是如此。所以，我们需要疏导，而不是禁止。我们需要帮助孩子找到更具吸引力的事物，以削弱超级刺激源对孩子的影响。

如何做到这一点是今天每一位父母所困惑的事情，因为现在孩子生活的各个方面都充满了超级刺激源，父母承受的压力更大了。我们需要设置限制，并解释为什么会有这些限制，这个过程本身就会带来压力，因为它通常会引起亲子冲突。今天，当孩子们争辩说"但大家都在这样做"的时候，我们应该明白这里的"大家"可能就是孩子引以为自身标准的影响力巨大的网上文化。

（5）摒弃简化问题且无建设性的标签

一直以来，我们听说成功的育儿关键在于采取正确的"教养风格。"这个理念是基于 20 世纪 60 年代末，由发展心理学家戴安娜·鲍姆林德（Diana Baumrind）所做的研究工作。从那个时期以来，科学家们倾向于把教养行为分成四类："权威型""专制型""放纵型"和"忽视型"。

但这个分类也有问题。其中之一就是无论父母的教养方式是什么，你可能发现都会存在一个普遍现象。无论你像随和的导师还是像新兵训练营的教官，没有一个单一的教养方式能够保证无压力的育儿过程，或者得到比较理想的结果。更重要的是，我们很少采取一个单一类型的教养方式：在我们和孩子的生命过程中，在不同的生命阶段会遇到不同的挑战，这些可能会对我们的性格和与孩子的交流方式产生影响。事实上，很少有人会完全意识到我们的育儿方式，更不用说为自己"归类"了。更多的情况是：我们往往采取我们自己被养育的方式来养育孩子。但是我们讨论教养方式的最大问题，是我们忽视了在这个等式中的变量：孩子。

事实上，这些经典的"教养风格"只是我们自己进行的分类。当事情不顺利时，真正的问题不在于我们采取了没有效果或已被证明有不良后果的教养方式，而是某些因素已经把我们推进了这样一个不良的模式。仅仅告诉"放纵型"的父母、如果他们继续这样的教养方式，他们的孩子长大后会更容易变得具有攻击性，这样的说辞只会增加这些父母的压力，他们采取了"放纵"的方式往往也是由于压力的缘故。他们变得疲惫不堪、能量耗尽，他们没有多余的能量来与孩子斗争、控制孩子的不良行为，然而，恰恰这些又是他们坚信他们必须做的事情。这里需要的不仅仅是找到问题、给问题打上标签，而是我们要找到问题出现的原因。

现在，压力时刻改变着我们回应孩子的方式。压力可能直接来自于孩子的行为或所处的情境，但压力也可能来自于工作、周围的人们或与孩子无关的情境。五域模型适用于我们所有的人，身心疲惫会影响你在所有域的自我调节，来自孩子的压力就会对你雪上加霜，其结果是对你和你的孩子都很有压力。你所知道的恶性循环是这样的：你的态度越来越坚决，然后发火或者完全放弃。你自己越保持冷静、专注，并与孩子有效地交流，他就越有可能学到你要他学习的东西，以及思考自己的行为所带来的后果、处理好自己的情绪、坚持专注任务、应对挫折。

这并不需要改造你的性格，也不需要意志力。对自己进行调节而使自己冷静，这种自我调节方面的练习越多，你很快就会感受更好，并且觉得自己更胜任"父母"这个称呼了。在这种平静的状态下，你的"第六感"会起到作用，你会很自然地适应孩子的唤醒度，你会变得更能理解自己的行为，以及其他因素对孩子的影响，并为之做好平静回应的准备。在你们俩都对自己调节不善的时刻，你就可以更好地保持平衡的心态，并帮助你的孩子做到这一点。

寻找奏效的方法

自我调节可以帮助你学习如何发现你的孩子陷入低唤醒或过度唤醒的早期迹象，并帮助孩子培养自我觉察。然而，孩子在太多的压力下的表现都会不同，这种独特的方式还具有无尽的可变性。正如我们所看到的，有些孩子变得亢奋，有的孩子选择退缩。当你试图上调或下调他们的唤醒度时，他们的反应也各不相同。你与孩子一起进行自我调节越多，你们俩就会更熟悉那些早期迹象。对于每一个孩子来说，使他们放松或者痛苦的事物都是不同的，每个孩子都是独特的，而且孩子们也会改变他们的回应方式，即使是在几分钟之内他们的反应也会千差万别。

这里有些关于自我调节的宝贵经验教训。你在听孩子说话的时候，除了用你的耳朵之外，是否还会用你的眼睛呢？你和孩子在练习的时候是遵循他的时间安排还是你自己的呢？你传输给孩子的信念是独立的还是有依赖性的？是要坚韧不拔还是无精打采的？是自信还是顺从？在孩子成长的路上，你是帮助他发现自我，还是会起到反作用呢？最重要的是，你是在帮孩子成为他命运的主人，还是你还在要求孩子听从你的说教呢？

经验：十种方法发现标志，培养自我调节的习惯

1. 找寻模式

一个孩子变得过度唤醒的表现，可能只是面部肤色或语音语调的变化、

特殊的面部表情，或者没有面部表情等微妙的细节。因此，当他们通过自己的身体和语言向我们倾诉的时候，我们必须知道他们的压力实在太大了。

2. 关注目标

自我调节系统只关注自我调节本身，而不是那些随压力而来或因此变得恶化的问题。自我调节能帮助你杜绝"行为控制与纠正"的思维方式，或仅仅去消除某种行为的简单做法，使你与孩子产生更为基础的连接，理解他的行为，并与他一道，共同增强自我调节。一旦自我调节形成了习惯，诸如学习、社交、沟通方面的行为问题便会迎刃而解。我们的目标是帮助孩子学会自我调节的技巧和策略，让他们培养自己的管理能力、自我调节能力，尤其是在他们有压力的情况下，更是如此。举一个简单的例子，我们不仅仅希望孩子在适当的时候去睡觉，我们更希望看到他们自己期待着去睡觉。

3. 循序渐进

与孩子进行自我调节练习总是涉及一个学习曲线，它有时是陡峭的，并且每一个曲线看起来又会有所不同。但令人兴奋的事情总是会发生：当你继续缓慢而稳定地前行时，行进的方向总是会发生变化。孩子会感觉到更长时间的平静和专注。不要开始就期盼有戏剧性的变化，现实的情况是：有微妙的迹象就表明行为在发生变化。

这是我们的试错法背后的一个重要的推动力：试图从你所看到的、无论多小的成绩中总结出什么是有效的，以及为什么会有效。同等重要的是，要总结出什么是不奏效的，以及为什么不奏效。

4. 发现你的孩子积极主动参与，要表现兴奋

一旦你看到孩子开始有自主性，而不仅仅是对你的提议做出回应，你就

会明白，他的大脑开始从面对压力时依靠原始的机制（战斗或逃跑或冻结）转变为积极地参与社会活动。孩子跑到你身边，或者一屁股坐在沙发上，自发地告诉你他的一天的生活：这些都是孩子每天进行自我调节的迹象，我们不应对此视而不见。

5. 期盼意外的发现

如果说与孩子进行自我调节练习可以教给你什么，那就是谦逊。你可以找到各种很好的理由支持自己的预测，但是你会发现孩子会完全无视你的期望。同样，我们再回过头来看自我调节作为一个过程的重要性：在这个过程中，我们从孩子身上学来的东西和他们从我们身上学习的东西一样多。某些情况下，一个人要学会期待意想不到的结果，但这里有几个基本规则。

- 对一个孩子有神奇效果的方法可能对另一孩子却有着相反的作用，即使这两个孩子似乎有着非常相似的需求。
- 一些有效的措施总会变得不再奏效。
- 有时一些方法有效，但你找不到原因。
- 有些方法没有效果，你永远也不明白为什么。
- 很多时候，你所爱的东西，他们却会很讨厌，反之亦然。
- 有时，你以为有些方法在起作用，实际上它在使事情变得更糟。
- 有时候，一些你确信无效的方法却有了不起的影响，只是比你所预期的时间长了一点。

6. 谨慎使用大词

如果我们过于依赖语言表达，我们就很有可能忽视很多因素。可能你不认为"平静"是一个很大的词，但使得它"大"的不是它所包含的笔画数量，而是元素的数量。在这方面，"平静"是一个非常大的词，因为它包含了三个不同的部分：身体、认知和情绪。身体因素是指心脏跳动缓慢、呼吸沉稳而轻松、肌肉完全放松的感觉。认知元素是指意识到这些身体感觉，或者认识到你身边发生的事情。情绪状态其实是指你在享受这种状态。这是"平静"的深层含义，这不仅仅是指能够定义、甚至正确地使用这个词，而且要通过这个词联系到身体感觉、情绪和意识。我一直都惊叹于我们所见到的儿童和青少年中几乎没有几个会真正理解"平静"的含义。他们中的大多数人似乎都认为，它只是表示"安静"。

7. 别太纠结元认知

每当我们与孩子进行自我调节学习时，不管孩子的年龄大小，我们必须非常努力地寻找他可以完全理解的方式以呈现我们所要表达的信息。这意味着，我们必须在儿童的发展水平上进行交流，这涉及所有的五个领域。这对于青少年和小孩子都适用。

当一个孩子在一个域水平高但在另一个域却有着较低水平时，事情往往很棘手。例如，你的孩子可能会有较高水平的认知发展，而社会和情绪方面水平却较低（我们常见到这样的孩子：聪明但是不善社交，若交流不良的时候非常心烦意乱）。即使是同一个域，我们可能也会遇到显著的差异。例如，一个孩子可能有较高的抽象推理水平，但同时自我觉察较差。这就是我们在小文身上看到的：他能够理解他的父母说了什么，他可以正确地使用"平静"这个词，甚至能给出它的定义。然而，他没有真正理解这个词的含义：他不知道什么是"平静"的感觉。对他来说，理解"平静"的意思有点像在学习外语时，有的学生可以去定义一个词，但他并不能真正地理解这个词。

这对父母来说可能是一个挑战。我们认为总是可以解释自己的意思，这是很自然的现象，即使我们不得不使用比较简单的语言或大声说话。但如果想让儿童和青少年确实能够做到自我调节，他们必须知道这些大词，像"低唤醒""高唤醒"和"平静"都是什么感觉，他们必须了解"昏昏欲睡"和"低唤醒"或"精力充沛"和"高唤醒"之间的区别，当然，他们必须要知道平静时候的感觉是多么的惬意。

8. 任何时候进行自我调节都是合适的

别人最常问我的一个问题是应该什么时候开始做自我调节。答案当然是在你看完这本书的那一刻，而与你有没有孩子没有关系！事实就是，在我们和婴儿进行自我调节训练时，婴儿几乎从出生的那一刻开始，就通过他们的身体语言告诉我们，他们对什么感到舒服、对什么感到心烦。当你给孩子按摩时如果有点过于剧烈或力度过大时，婴儿就会变得紧张起来，这是他在"告诉"你要去尝试不同的按摩方式。当你慢下来或减轻力度时，孩子的身体就会慢慢舒缓下来，他可能"啊啊啊"地告诉你，这才是让他舒服的方式。

也许这是最重要的：开始自我调节从来就没有一个年龄段的限制，永远都不会太迟。每天都有各种关于早教的重要性的信息轰炸父母——大脑的成长最晚在六岁就会轨迹定型。对于一些家长来说，这会对他们产生意想不到的压力。"噢，天哪"，他们会想，"我错过了打下良好基础的机会，现在太晚了。"我不止一次地听到这样的感叹！但事实是，什么时间让孩子或你自己开始学习自我调节都不迟。这适用于整个生命周期，而不是仅适用于年龄较大的儿童和青少年。

9. 谁的轨迹需要改变

我曾见过那么多的孩子长期的遭受辱骂、责备，连称呼也是"那孩子"，我不得不怀疑：最终我们在多大程度上需要为我们试图改变的人生轨迹负责呢？这是一个令人不寒而栗的问题。长期以来，在自我控制的理念支配下，我们或许认为，我们正在通过惩罚或奖励的方式，尽力地做到最好去帮助孩子。若孩子没有像我们所预期的那样做，我们就会认为是他的错：比如明知道他自己选择的路是要惹麻烦的，比如不够努力。

我觉得更令人不安的是，在孩子的生命里有影响力的成年人，比如教师、教练、邻居，他们经常说服孩子的父母们相信，"你的孩子需要更加努力"，"孩子需要三思而后行"或"孩子要说实话"。这些"好心"的话语没有探讨问题的本身，对于自我调节的培养更是起不到任何作用，只会让父母更加焦虑。也许部分是为了平息自己的忧虑，他们开始给孩子重复这些负面的信息，或许甚至自己也开始相信这些说法。

学习自我调节的主要任务，当然是为了意识到问题的存在并探讨这些问题，制定战略帮助孩子培养情绪、认知、社会和亲社会域的能以处理他们在生活中遇到的压力。但改变孩子轨迹的起点开始于我们对孩子的认知，因为这对于他如何看待自己很有影响，程度之大或许会超出我们的想象。

10. 私人定制

自我调节总是具有个人特性的。自我调节只有在一种强有力的关系下才可能会产生，并让我们受益，这种关系是脑间联结的核心力量，我们在进行自我调节的时候要关注我们自己的需求。

就像之前我们提到的小乔一样（那个不停吃薯片的孩子），你也需要识别当自身处于高压、能量不足时身体发出的信号。那些一再出现的担忧、不断闯入你脑海里的想法，或者某种特别的渴望，可以说都是这样的信号。这时，你要找到真正的，尤其是那些隐藏着的压力源，再寻找方法减压。如前所述的所有孩子一样，你需要意识到自己何时状态低迷，何时精神亢奋。最重要的是，你需要知道内心平静、休憩充分，从日常生活中纷繁的压力源的作用下复原的体验。

父母经常会向我分享他们产生顿悟的时刻，他们说那时他们会忽然意识到，那些帮助孩子的自我调节方法对成年人同样奏效。一位母亲曾经跟我说过，她从青少年时期就开始减肥，可是一直不能坚持下来，她一直为自己薄弱的意志力感到自责。在她和小儿子一起练习自我调节的时候，她忽然意识到减肥不成功的主要原因不在于她的决心和意志力，而是她从孩童时代起，就一直习惯了的用食物来减轻压力。这已经成为她的自我调节的一部分。

有几个原因能够解释吃东西为何可以起到缓解压力的作用。其中包括心理因素（会联想到之前的轻松舒适的状态）和生理因素（吃某种食物可以释放内啡肽）。但是，吃东西不是一个很好的自我调节的方法。首先，吃东西所带来的减压效果只是暂时的。其次，身体上的不良影响，例如肥胖，对你有害无益。

通过自我调节的方法，这位母亲已经能够从之前的自我控制的挣扎阶段走出来，现在她所关注的是如何减少自身整体的压力。她一直在寻找，当她有吃东西的冲动的时候，她潜在的压力源是什么。很快，她发现了一个规律。如果一整天工作顺利、下班回家心情放松，或者周末愉快地陪伴家人，她就没有狂吃东西的欲望。但是如果一天工作压力很大，或者回到家后不顾一切地想摆脱压力，她就会坐在那里一个劲儿地吃东西，蛋糕，薯片，剩饭剩菜，不管是啥，来者不拒，直到再也吃不下为止。但吃完之后她却没有丝毫轻松的感觉，反而会感到内疚和羞愧。

她说，意识到这一点之后，尽管她无法改变老板不近情理的管理风格或者家里人的某些脾气秉性，但如果出去走走或者寻找一些其他的积极体验，她就更能冷静应对这些压力。吃东西的欲望也会因此减少很多，她甚至变得更苗条了。她做到这一点并不是因为她坚持减肥的毅力或者一时的决心，而是她变得更加有自我觉察，并且知道如何有效地处理压力。这样一来，吃东西的渴望和压力性进食行为就会逐渐消失。自我调节的附加方法：无论是散步、深呼吸，还是做些编织活都行。只要她选择做那些能帮助她放松和恢复的事，她就不会去一个劲儿地吃东西。能更好地照顾自己之后，她发现自己更愿意和孩子交流，同时也变得更有耐心了。

家长的自我照料、理智和生存的自我调节指南

提高作为父母的自我觉察

为了适应一天的需求和节奏，我们需要关注自身上调、下调唤醒度的方式。当感到有压力的时候，你要关注自己身心的感觉，以及它如何影响你跟孩子的交流方式，或怎样影响你对孩子的行为的回应。例如，当疲劳过度、焦虑或担心别的东西时你是否会很敏感？或者，在别人身上看到这种行为是否会使你更担心它会影响你的孩子？我们需要在五个域中的每一个域内寻找压力源，并确定如何减少能量消耗。

创建支持最优自我调节的条件

养成一个健康的睡眠、饮食和运动习惯，这不仅仅是为你的孩子，也是为你自己好。这也包括在家里创造一个平静、安宁的环境。如果你感觉只是为自己很难做到这一点，那么就为孩子去做吧。试想一下：在教孩子自我调节的练习中，你不但是模范而且还是伙伴，你的孩子需要你照顾好自己。

原谅自己

改变责备－耻辱的模式的部分表现是：你停止惩罚自己并专注于孩子，这是为了孩子同时也是为你自己好。要有同情心。作为父母我们都会犯错

误。当你犯错或表现不好的时候要向孩子道歉，记住，孩子一直在观察你如何处理日常生活中的压力，和陷入困境的时候会做什么。

冷静是目的

不要强行将自己归类于哪一种教养风格或打上特定的标签。这些分类过分简化了养育的过程和难度，它们低估了在你和孩子在遇到问题的任何时刻予以适当回应的能力。因此，我们需要形成一个冷静和一致的应对方式。

找时间与你的孩子玩，享受时光

让孩子帮你找到真正重要的东西，通过孩子的眼睛看世界可以重新唤醒你，否则你会错过很多神奇和美丽的时刻。这本身也是让你和孩子平静的事情。

几年前，有人请我为爱尔兰大型的重建计划做顾问。这个社区的状况相当窘迫：暴力、毒品和破坏行为满街都是，这也是多年的政治和社会忽视的结果。社区里的人总是被迫加入两个敌对帮派中的一个。第一天，我走过街区，看到被烧掉的房屋和凌乱的公园时，我对我借宿的主人说：这一切好像把我拽回到了在加沙的街道上行走时的情景。但这个项目的领导人已经动用了爱尔兰最好的智囊团来重整社区的物理社会环境。尽管面临挑战，但他们的整体情绪是非常乐观的。

我却没有这种乐观的感觉。访问小学的时候，我看到了一群孩子，坦率地说，所有的孩子似乎都受到了创伤。至于我遇到的老师，他们是最棒的、最富有同情心和想象力的，但他们也不知道该怎么办，他们每个人都显示出倦怠的种种迹象，心理学家称之为"同情心疲乏"。

那天傍晚，我遇到当地教区的神父并一起喝茶，我们称呼他为帕特神父（Father Pat）。我想我说话的声音一定带着些绝望，因为神父温柔地看着我，用他浓厚的爱尔兰口音说："噢，他们只是孩子，斯图尔特。基于你所知道的科学知识，你肯定会想出一些方法帮助他们，不是吗？"我立刻意识到对帕特神父的问题的答案是很肯定的，儿童和他们的父母和教师比以往任何时候都需要这方面的知识和练习。就在这个时候，在学校大范围使用自我调节方法的计划诞生了，我们最早是从加拿大的不列颠哥伦比亚省和安大略省的学校系统开始的。

　　担心孩子是人的本性，而不是专属于任何一个社会阶层或文化。没有哪一种人可以垄断父母的关心和爱，没有孩子能避开今天的种种压力。当然，有一些压力包裹在不同的外衣下。包括帮派暴力到考大学的压力。但从人性的角度来看，这是关于如何正确对待孩子，帮助他们培养自我调节的能力以应对生活中各种挑战，并且发挥最大潜能的问题。

致谢

　　一本书的致谢部分，不仅仅是为了表示对影响作者想法的人们的感谢，而且这也是一个机会，可以识别书中观点产生的脉络。我文章的写法开始于传统的逻辑经验主义，如同弗里德里希·魏斯曼（Friedrich Waismann），与约翰·斯图亚特·穆勒（John Stuart Mill）类似，高潮部分如同路德维希·维特根斯坦（Ludwig Wittgenstein）。对自我调节理论最具影响力的两位现代经验主义者是斯坦利·格林斯潘（Stanley Greenspan）和史蒂芬·波格斯（Stephen Porges）。他们在职业生涯的密切合作也并非巧合，因为格林斯潘的发展理论和波格斯的生理理论之间有很多的相同之处。还有三位伟人的贡献，也必须强调：阿兰·福格尔（Alan Fogel），罗伯特·塞耶（Robert Thayer）和艾伦·斯霍勒（Allan Schore），他们都是杰出的哲学家，同时也是了不起的科学家。尾注引用的每位作者都在整个理论的整理中起到了至关重要的作用，其中特别重要的是保罗·麦克里恩（Paul MacLean）、沃尔特·坎农（Walter Cannon）、汉斯·塞里（Hans Selye）和其他来自世界各地的 DIR 治疗师[⊖]和理论专家。

若没有米尔特（Milt）和埃塞尔·哈里斯（Ethel Harris）的支持，自我调节理论也不会成为可能。米尔特英年早逝，后来他的孩子戴维（David）、朱迪斯（Judith）和内奥米（Naomi）及他的侄子约翰（John）都给予了我极大的支持。我不知道怎样来表达我对整个美利德中心（MEHRIT）团队的感激。最重要的是，我们在一起工作总是很快乐。我需要感谢我们的研究总监德文·卡森海塞尔（Devin Casenhiser）、我们的神经科学主任吉姆·斯蒂本（Jim Stieben）、我们的治疗师阿曼达·宾斯（Amanda Binns）、尤尼斯·李（Eunice Lee）、菲·麦吉尔（Fay McGill）、娜米里·达亚南达（Narmilee Dhayanandhan）和纳迪亚·诺布尔（Nadia Noble）、我们的研究经理奥尔加·莫德勒（Olga Morderer）、社区主任艾丽西亚·艾里森（Alicia Allison）、资深科学家索尼娅·莫斯特兰杰洛（Sonia Mostrangelo）、丽莎·巴伊拉米（Lisa Bayrami）、利利亚娜·莫德诺维奇（Ljiljana Radenovic）和谢林·哈萨尼（Shereen Hassanein）、行政助理吉赛尔·特德斯科（Giselle Tedesco）和安娜·博琴（Ana Bojcun），以及所有在我们的研究中不辞劳苦工作的研究生和本科生们。

我特别想提到克里斯·罗宾逊（Chris Robinson），美利德的职业治疗师，也是美利德中心的第一临床主任。许多有关"自我调节"的想法都是从我们的临

⊖ DIR 是指"发展、个体差异与关系"理论模型（Developmental, Individual-differences, & Relationship-based model）。该理论由斯坦利·格林斯潘提出，是一种用于理解人类发展的理论框架。

床工作中产生的。

　　我对美利德表达感谢的同时，也要表达对在约克大学（York University）健康与哲学系的同事们的感谢。尤其是，我们的院长朗达·莱顿（Rhonda Lenton）和哈维·斯金纳（Harvey Skinner），他们一次又一次地为我们提供我们最迫切需要的支持和指导。我多年来的研究除了得到哈里斯钢铁基金会（Harris Steel Foundation）的支持外，还得到几家基金机构的慷慨支持：其中有加拿大理事会（Canada Council）和社会自然与人文科学研究委员会（SSHRC）、育利康基金会（Unicorn Foundation）、孤独症治愈组（Cure Autism Now）、加拿大公共卫生局（Public Health Agency of Canada）、坦普雷顿基金会（Templeton Foundation）、星光基金会（Stars Foundation）、国际发展研究中心（IDRC）、联邦投资审查机构（FIRA）、安大略卫生部健康促进会（Ministry of Health Promotion in Ontario）、人际关系实验学院（CIHR），和共情根源找寻组织（Roots of Empathy）。

　　多年来我曾与一些朋友一起工作。他们的友谊和他们提出的帮助和建议对我都非常重要：尤其是杰里米·波曼（Jeremy Burman）、罗杰·唐纳（Roger Downer）、约翰·霍夫曼（John Hoffman）、芭芭拉·金（Barbara King）、麦克·麦凯（Mike McKay）、玛丽·海伦·默斯（Mary Helen Moes），其中需要特别提到的是，我的孩子们的教父和我的私人顾问，米歇尔·迈拉（Michel Maila）。

　　美利德中心的团队给了我们无穷的灵感：他们是琳达·沃伦（Linda Warren）、布伦达·史密斯 – 钱特（Brenda Smith-Chant）、吉尔·弗格斯（Jill Fergus）、苏菲·戴维森（Sophie Davidson）、斯蒂芬·雷塔利克（Stephen

Retallick）和米根·特里温（Meaghan Trewin）。再次，我必须单独提到一个人：苏珊·霍普金斯（Susan Hopkins），我们的执行董事，她对自我调节理论的贡献是我们常人难以比拟的。

这本书能够出版，有三个人功不可没：我的经纪人吉尔·尼里姆（Jill Kneerim）、我们的编辑安·戈多夫（Ann Godoff），最重要的是，和我一起写这本书的特蕾莎·巴克（Teresa Barker）。她对这本书中的每一个用词都要仔细斟酌、精益求精，对这本书提到的每一个想法，她都从多种可能的角度去审视。和特雷莎一起合著这本书，从智性方面来讲，是我一生中最激动人心的体验。

最后，我要感谢我的行政助理，贞德·卡尔弗（Jade Calver），她不仅成功完成了她负责的巨大的工作量，并且在整个过程中情绪都很高昂。

还有许多人也给了我们自我调节的灵感：不只是心理学家、精神科医生、治疗师和哲学家，还包括我曾经有幸一起工作过的每一个儿童、青少年、家长、教师、管理者、公务员、政府部长。我们保证，在文中提到的儿童和家长我们都给予了匿名或非真实姓名处理。在许多情况下，我们将呈现类似问题的家庭进行结合，放在一个案例中。对于这些家庭许可我们讲述他们的故事，我表示由衷的感谢。

我要感谢一直支持我的父母和妹妹，还有支持我的两位姻亲：肯尼斯·罗滕贝格（Kenneth Rotenberg）和多丽丝·索默－罗滕贝格（Doris Sommer-Rotenberg）。最后，一如既往，我最大的感谢要送给我的妻子和我的孩子们。我写这本书，初衷是因为他们，本书也是写给他们的，也确实是和他们一起完成的这本书。